世界够坚硬了，对自己温柔点吧

饮水少年　著

南方日报出版社
NANFANG DAILY PRESS
中国·广州

图书在版编目（CIP）数据

世界够坚硬了，对自己温柔点吧 / 饮水少年著. 广州 : 南方日报出版社，2025. 6. --ISBN 978-7-5491-3029-0

Ⅰ. B821-49

中国国家版本馆CIP数据核字第2025M18A01号

SHIJIE GOU JIANYING LE DUI ZIJI WENROU DIAN BA

世界够坚硬了，对自己温柔点吧

著　　者： 饮水少年
出版发行： 南方日报出版社
地　　址： 广州市广州大道中 289 号
出 版 人： 周山丹
责任编辑： 周丹丹
装帧设计： 邓晓童
责任校对： 阮昌汉　符文达
责任技编： 王　兰
经　　销： 全国新华书店
印　　刷： 佛山市浩文彩色印刷有限公司
成品尺寸： 140 mm × 210 mm
印　　张： 6.25
字　　数： 120 千字
版　　次： 2025 年 6 月第 1 版
印　　次： 2025 年 6 月第 1 次印刷
定　　价： 48.00 元

投稿热线：（020）87360640　读者热线：（020）87363865

自序　用温柔把裂缝写成诗

这是一本关于心灵与成长的书。

曾几何时，我怀着梦想的种子踏上通往远方的列车。大都市里，每天有人行色匆匆，每天也有人仓惶迷惘。在多少个忙碌但失序的时刻，我在身心疲惫中捡起远足途中遗失的泛黄书页，试图重新找寻少年时支撑我走过坎坷、勇敢成长的力量。

这是阅读的力量。为了建立起生活的秩序感，我坚持每天阅读，地铁上、站台前，即使再忙我也要在时间的缝隙里坚持阅读，因为阅读能使我的心沉静下来。我于阅读中渐渐找到自我，笃定人生方向。我开始在内心深处建立起一个笃定的核，长期持续做一件自己喜欢的事，在低谷中蓄积温柔的能量，于凄风冷雨夜静待花开。当世界像岩石般冷硬，我依然想要用温柔把裂缝写成诗。

于是，这本小书就诞生了，它记录了我对成长、探索和坚守的感悟。我尝试从内心出发去感知世界，从见自我到见世界，从感知时间到倾听内心，在荒原种花，与月光共舞，完成一场灵魂成长的自我修缮。

见自我。繁忙的世界里，万物翩跹，世事更迭，常常模糊了我们的自我。我们需要去探索自我，发现自己内在的价值，明确我们想走的人生道路。就像我喜欢阅读、喜欢写作，也是在不断的自我探索、自我觉知的过程中确认的。当我从文字中找到自我，那些浮于现象的焦虑与颓败便倏然远逝，我获得了持续成长的可能性。在本书的第一部分，我尝试从各个角度表达关于怎样才能看见自我的感悟，希望能够帮助和曾经的我一样身处迷茫的你们开启自我意识的觉醒。

见世界。只有处理好我们与世界的关系，对世界有了更加深刻的认知，我们才能更好地生活，更好地回应我们人生中遇到的各种命题。但许多事时常不如我们所想得那样简单，世界往往是复杂的，有时我们陷入浮华的现象之中，很容易丧失信心，甚至感觉被世界所淹没。这时候，学会摆脱浮躁、找到融入世界的路径便显得至关重要，这恰是我在本书第二部分将要展开讨论的议题。

感时间。在不同的年龄段，我们对时间的感知是不同的。时间像是迷宫，我们需要用智慧去触达时间的本质，只有这样，我们才不会在飞逝的时间中迷失，我们的生活才会更具质感。我想每个人的人生中都会有这样一个时刻，某天看着渐逝的夕阳，突然感觉时间过得好快，不由悲从中来。在经历过这样的时刻以后，我在深夜的案桌前书写我对时间的感受，形成本书第三部分所要展现的内容。当我们对时间有了更加深刻的认知后，我们才能更好地驾驭时间。

听内心。每个人都想获得内心的喜悦与平静，但这并不是件容易的事。我们常常沉溺于缤纷的外物，却看不清内心的颜色。聆听内心的声音，能够帮助我们稳定心性，坦然面对外界的光怪陆离，觅得幸福的真谛。在本书的最后一部分，我回到内心深处，重新出发，去找寻生命最美好的状态，它像流水一样，既可以沉静，又可以流动，自在轻盈，奔腾不息。

我始终相信，好的文字是有能量的。当你读到此处，我们已经因文字而结缘。在这场美丽的相遇中，我希望这本小书能给迷茫中徘徊的人以方向，给寒风中悲泣的人以温暖；希望它既像深夜的镜子，映出灵魂的姿态；又像黎明的窗户，送来心灵的曙光。当你迎着曙光打开窗户，会看到漫山遍野开满了花，恣意绽放的美丽，绵延不断的生机。你的人生也正如这春天的花儿一样，冲破漫长的寒冬，在坚硬的世界里绽放别具一格的温柔。

饮水少年

2025年4月

目录

辑一 见自我

辑二 见世界

辑三 感时间

辑四 听内心

辑一

见自我

世界够坚硬了，对自己温柔点吧

我们越成长才越能明晰自己的种种缺点以及局限。可以说，成长就是对完美幻想的打破，不管是对自己，还是对世界的完美幻想。这是残酷的，也是真实的，不必自惭形秽，不必深夜痛哭，哪有完美的人与完美的事呢？世界够坚硬了，对自己温柔点吧。

有时我们太喜欢自省，反而会变得不自信，甚至在自省中渐渐失去了本来属于自己的光芒。没有完美的人，有时你的缺点中也隐藏着你的优点。玫瑰花带刺，玉也有瑕。不要随着经历的人事多了，反而苛责于人，苛责于己。一个人到了三十岁后能够依然自信是非常难得的，这一路走来，他要经过无数锻炼，无数打击，无数自我否定与肯定，才能渐渐找到从容的自信。

生活会给每个人以狠狠的教训，甚至试图驯服每个人，让人变得婉顺，自卑，放任自流，自甘堕落。世界是粗暴的，也是坚硬的，在面对粗暴以及坚硬时，能够自信，形成一份淡定的从容，犹如金属在夜晚发着稀有的光芒。很多人一旦遇见挫折，就开始自我怀疑，自我否定。其实很多时候，人生的不顺，不一定是自己造成的，有时代的原因，也有外界的原因，岂能全把责任归于己？这对自己极为不公。善于反思是好的，但是不可反思过度，对自己太过严厉，反而会让人变得不自信，早早枯萎凋零，自我放逐。

人是脆弱的，也是孤独的，渺小的个体在时间面前，微若浮尘，所以我们更加需要好好地爱自己，鼓励自己。我们当然也需要鼓励别人，勇敢大度地赞美欣赏别人是非常好的品质，我遇见好人好事都不吝赞美，因为知道生活够苦，赞美别人也是给别人温暖；我也知道真正自信的人不多，所以需要赞美以增进自信；我更知道美的事物有时更脆弱，所以需要赞美以给予护惜。

当我们在赞美别人时，也应该静静地在内心赞美自己，适当的自恋，是对自己的温柔。每个人都不可能是完美的，这些不完美犹如肉中刺，经常让我们痛不欲生，自卑到极点，如果我们再有苛责于己的心态，那么我们会不断放大这些不完美，这些不完美最终会成为我们人生的诅咒。其实既然人人都是不完美的，我们又何必过分地要求自己呢？

一个经常对自己很严厉的人，容易崩溃，这种崩溃是无声的，却波涛汹涌。人生如梦，只有我们自己知道，我们经历过多少孤独与痛苦。哪个人在成长的过程中没有经历过漫漫长夜？既然我们最了解自己，了解自己一路的艰辛与不易，我们就更应该对自己温柔一点。很多人可以赞美别人，但是却不能够赞美接纳自己，这是本末倒置。看到自己的缺点，勇敢改之，勇敢超越就好，但是对于注定的不完美，欣然接受就好，不必对自己过分严厉。

对自己温柔，才能对他人温柔，我实在无法想象一个对自己都不温柔的人，能够对其他人温柔到哪里去。每当看见自恋的人，我都觉得这个人是带着光的，好像看孔雀开屏，美不胜收。

适度的自恋给我们勇气与底气，让我们能够自如地展现自己，但很多人都是不自信的，所以看见自信的人就极不习惯，仿佛把自己矮化了一样。其实哪有完美的人啊，哪有百分百的幸福啊？不要去嫉妒打压别人的自信，每个人都不容易，很多自信都是用泪水换来的，嫉妒打压别人的自信，只会使你变得心胸狭窄。再绚丽的花也有凋零时，再平凡的事物，也有其独特性，不要让自己显得那么小气。

世界够坚硬了，对自己温柔点吧。别天天抽打自己了，多多赞美自己，尤其是遇到挫折时，遇到痛苦时，多赞美自己吧。

坚定地认为自己好很重要

能够明白并且坚定地认为自己好很重要，不然我们被生活或别人稍微一打击就崩溃了。所以那些能够坚定地认为自己好、认为自己有独特价值并且适当自恋的人，往往活得通透，活得自信，只有内心深处对自己有深深的认可，自我才能真正展开恢宏的人生。

很多人说自己长得不行，自己学习不行，自己家庭环境不行，自己的精神世界也不丰富，等等，把自己说得一无是处。尤其是进入社会以后，社会用各种各样的标准来评定一个人，如果一个人稍微有一点没有达到社会评价的标准，就会被周围的人认为不是强者、没有魅力，甚至遭到唾弃。所以我们看到社会里到处都充满了完美主义，仿佛一个人，要能文能武，要内外兼修，才算活出了人样。

有太多的人活得非常疲惫，因为要达到所有这些标准的人，毕竟是人群中的少数，而且即使是少数，也不是完美的，也有自己内心深处的自卑。所以我们很少看到生命飞扬的个体，更多看到的是自我蜷缩、自我压抑的众生。

一个人哪怕只有一个亮点，就已经很不错了，只有善于发现自己的亮点，并且不断完善自己的亮点、追寻理想的亮点，才能够走向更好的生命状态。那种憋屈的、自我打压的人格特质，不会让自己走得远，至少不会让自己活得快意。每个人身上都有与别人不同的美好一面，但是由于这美好的一面不符合大众的标准，也没能深入挖掘，然后就被舍弃了，这些美好的独特自我，也许是人生非常大的亮点。

只有内心真正认可自己，才能够活出人样，不要总是按照别人的标准来判断自己，否则你很容易痛苦，很容易走向自卑。当你按照自己的标准来判断自己，反而会渐渐生出一种自信，这个世界上各种价值观都有，为什么我们就不能坚定地认为自己拥有好的价值观呢？就像艺术，越是独特越是肆意，反而有一种独特的美感。

我既尊重别人的美好，也尊重自己的美好。每个人都有其局限性，我们不需要在别人面前显得那么自卑，而且随着时代的不同很多人的评判标准也不同，此时的风云人物，也许到了一定时间，也是泯然众人而已。不过分看高谁，不贬低自己，我们才有可能活得比较通透，人生只有一次，凭什么要被那些奇奇怪怪的标准弄得自惭形秽，这是对自我个体生命的戕害。

只有坚定地认为自己好，我们才能走向更加恢宏的人生。一个人在内心深处否定自己，并且怀疑自己，那么他整个生命状态必然走向枯萎，走向封闭，能量不能流动起来。那些能够优雅从容地展示自己的人往往内心深处对自我有着深深的认可，坚定地认为自己好是一种正向的生命能量，哪怕遭到别人的嘲笑，也坚定地认为自己好，坚定地认为自己内在生命拥有非常光亮的底色。

想想人世间有多少失意的人，有多少自卑的人，有多少渐渐失去自我生命意识的人……真是让人感到生命之沉重。所以抛弃那些世俗的偏见吧，活出自己的价值，以自己为荣，哪怕自己在茫茫人海里独舞，也足够美丽，因为我们在释放自己生命的能量，我们的自我意识在觉醒。记住你只能活一次，如果你不是自己的主角，你的人生终究是悲剧。

越早建立自我价值感越好

越早建立自我价值感越好，因为在后面的人生道路上，你会遭到很多否定，甚至你自己都会否定自己。只有当自己在内心深处建立了自我价值感，在内心深处认可自己，我们才可以对抗那些否定。

建立自我价值感，首先要认识到自己的确是独特的，这个世界没有任何人和你一样；其次，我们需要通过成事来肯定自己。自我价值感不是通过与别人的比较得来，而是通过与过去的自己比较而得来，今天比昨天做得好一点点，也是进步。

每个人都是独特的，这个世界上没有完完全全相同的两个人，不管外界如何看你，你首先要打心底明白你是独特的。如果你不打心底认为自己独特，认为自己重要，随着社会阅历的增加，很容易被各种标准束缚住，最后陷入自我否定的怪圈。

独特性是个体最高贵的存在，世俗的标准大多是外在的、肤浅的、流动的，所有这一切都需要植根于独特性。人是独特的，一个人只要活着，对自我来说，都是积极的。所有外在的标准，都没有自我认可重要，当我们深深明白自己是独特的时，我们会变得更加积极。这绝不是自我安慰，只是各种外在的评判标准容易让人忘记人之为人本身就是一件值得高兴的事，人本身就是最伟大的作品，是人与自然的杰作。

很多本来有志气的人，最后都被生活打击得毫无还手之力。否定对于每个人来说都是痛苦的，尤其是在内心深处未能建立自我价值感的人，会更加痛苦，因为他们的价值感很多都是建立在别人的评价之上：别人觉得他好，他就感觉自己很棒；别人觉得他不好，他就感觉自己很差。这种把个人价值感建立在别人评价之中的人，一生都不容易活得开心，因为没有人可以让所有人都满意。

一个人越早建立自我价值感，越能够活得好，越能够对抗别人的否定。自我价值感的建立，首先要在哲学高度上认识到个人是独特的，自我是人与自然的杰作，是精灵。其次，我们要找到一件自己能够做得特别好的事，这可以巩固自我价值感，因为不是每个人都能够从哲学高度来认知自己，而且哲学太抽象了，往往会给人距离之感。但是当我们通过寻找到自我很擅长的事情后，我们会渐渐获得信心。

每个人都有自己独特的天赋，比如有的人会做饭，有的人会跳舞，有的人会化妆，有的人会解说体育等。这个世界上可以做的事情太多了，各行各业，只要你找到一件事，你能够把这件事做得漂亮，那么你就会得到别人的赞扬，你内心就不会轻易否定自我。大多数人都是通过别人的正向反馈建立自信。

自我价值感的最高级形态，不是通过与别人比较得来。自我价值感不是要比别人优越，而是比自己的昨天有进步，大多数人并没有那么多观众，所以总是在和别人比较其实很累。我们一生其实就是一个不断自我完成的过程，也就是说，我们是一件未完成的杰作，通过不断自我雕琢，自我打磨，最后变成散发美之光芒的艺术品。

当我们回首一生，很多细节，很多痛苦与快乐，都会忘记，但老年时的优雅与智慧，那种心灵深处涌动着生命的激情，才是个体生命最好的阐释。大多数时候，别人的否定，别人的打压，都不足惧不足虑，因为他只否定了你的一面，你有很多面，人生只要有一面发光就足以自我肯定了，何况就生命本身来说，已经是美好的了。

生活的秩序感来自内心有一个笃定的核

建立生活秩序感的前提是内心有一个笃定的核，比如一个爱好，比如一件持续多年坚持做的事。然后我们在这个笃定的核之上，展开与构建我们的生活秩序。当我们深爱一种事物，最后由艺入道，这个事物会滋养我们，不管外界多么喧嚣，我们也会有一份恬然的安静。

由于生活多姿多彩，所以大多数人容易浮于现象，心里有万千思绪，有万千事情要做，这种浮于生活表面的感觉像是悬浮于苍穹，偶尔内心多多少少会感觉到慌乱，甚至孤单。尤其是在如此发达的信息社会，人的内心更加容易悬浮，浮躁几乎成了大家的通病。

时间是无情的，岁月是无情的，你可以浮躁，但是最终结果是你很快被岁月淹没，生命变得越来没有活力，越来越单薄，气若游丝。生活是无序的，因为生活带有太多的非理性，带有太多不可知不可预料，但通过努力构建生活的秩序感，可以帮助我们对抗岁月的锋芒，这是我们在面对生活无序洪流时的理性呐喊。

真正活得从容的人，是那些一直在坚持做一件事的人，也就是明白自己真正喜欢做什么事的人。这些事可以不是多么宏大的事业，多么出众的才技，但是不管时间如何流逝，他们就像是一个修行者，总会抽出点时间来做这件事。这种持续性与稳定性，让他们渐渐拥有了常人难以拥有的独特气质。也许在外人看来有点单调，但是若远观，透过世事的喧嚣，你能够看到他们身上有着旁人少有的宁静，像是潇潇雨天给人静谧的感觉。

生活有时相当粗暴，完全会打乱你的节奏，而一旦你内心有了一个笃定的核以后，时间坚持得越久，这个核像是定海神针一样，将牢牢地给你筑起人生的基石。内心深处有笃定内核的人，会有种仙气，这种仙气来自对于事物深邃的爱。

如果一个人始终没有在内心建立起自己笃定的核，那么即使表面过得再精彩，终究会感到无聊、空虚、乏力。一个人没有持续深爱的事物，是不可能在深渊之中看见云端的。只有深爱过某件事物，才能体会到那种近乎身临仙境的绝美之乐。当你数十年如一日地插花，当你数十年如一日地跑步，你所做的事渐渐就有了灵性，这简直是一种诗意的存在了，你和它建立了深度的连接。有了这个深度连接以后，你可以像将军一样，驰骋于人生沙场，哪怕伤痕累累，哪怕烽烟滚滚，当夜晚回到营帐中，仍可以挑灯继续做你喜欢的事，这件事将给你带来宁静，将消除你的疲惫。

这个内心笃定的核一旦建立，所有万千翩跹的现象都不会将你吞没了，你可以周游于这些万千现象了。很多事物变化太快，如果没有在内心深处构建一个硬核，我们很容易迷失，昨天让我们倾注感情的事，也许今天就觉得毫无意义了。内心笃定的核，不只是做一件事那么简单，而是在做这件事时，我们通过对其注入心神，达到与其心意相通的境界，这种心意相通的境界，可以将我们内心升华，进而转化为精神源泉，再反哺我们去更好地处理日常事务。

你可以每天把每件事精准到分秒，你可以将生活构建得如精致艺术品，你也可以通过强力去掌控人生很多事，但是如果内心没有一个笃定的核，这一切都容易坍塌，容易在你强力的束缚下，陷入更加无序的状态之中。

万物既是有序的也是无序的，我们要做的是聚焦某一事，将其变为我们内心的硬核，万物将围绕这个硬核起舞。这个硬核让你的时间有了质感，想想你沉迷于做这件事的感受吧，万物静默如谜，而你在万物之中享受平行于时间的静谧，苍穹之上，宇宙之中，你如此浩然大气。

疲惫感源于自我价值感的缺失

疲惫感往往源于自我价值没有得到别人或者自己认可，一个人内心深处认可自己做的事，哪怕再累，也不会有疲惫感。疲惫感其实是厌倦，是激情的退却，是孤独时没有回应。要摆脱疲惫感，需要我们去赋予事物价值，挖掘价值，重获激情，让自己的生命重新出发，实现自我突围。

一个人如果在内心没有找到对自我的认同感，很容易陷入内心的荒芜。每个人在内心深处都会天然地寻求自我认同感，都希望自己能够有价值，做有价值的事。随着年龄的增长，内心深处这种焦虑感会越来越明显，年少时，我们可以通过沉迷于社交，沉迷于在别人看起来非常美好的事，来获得暂时的平静；但是如果这件事在自己内心深处没有得到真正的认可，那么我们内心迟早会陷入慌乱，甚至虚无之中。

我们每天都可以看到许许多多忙碌的人，有的人觉得自己很疲惫，而有的人却充满激情，最根本原因在于自己有没有认可当下所做的这件事。如果认可这件事，即使再累，都会坚持下去；如果不认可，即使再努力坚持，也难以长久。身体的疲惫可以通过睡觉等休息方式得到恢复，但是心灵的疲惫只有通过寻找事物的意义才能得到缓解，让自己从疲惫中走出来，重新释放生命的活力。

当我们找到自己的价值，找到自己愿意去坚守一生的事时，我们的激情将如滔滔江水一样，席卷而来，我们的生命将会被点燃。很多人到中年都容易陷入中年危机之中，因为他们从来都没有在内心深处真正喜欢做一件事，以前做事都不是基于内心真正的需求。有时候我们手上做的事不一定没有价值，如果我们真正沉下心来，去研究这件事，也许会得到不一样的感受，会看到别样的风景。

有时候赋予眼前事物价值比寻找有价值的事去做还重要，因为不是每个人马上就能找到自己完全喜欢的事做。如果我们总觉得眼前事物没有价值而不去做，那么我们永远不会找到自己喜欢的事，因为喜欢也是一个过程，一个不断认识、不断发现的过程。任何事都有枯燥和单调的一面，只有不断深入事物内部，才能渐渐认可这件事。最迷人的风景往往只有在险峰之顶才能够被看见。

只有点亮生命的激情，才能够消除心灵的疲惫，而生命激情的音律往往在内心深处响起，静下心来，去聆听、去深入、去发现。

与其在乎别人的眼光，不如丰盈自己的内心

与其在乎别人的眼光，不如自己内心丰盈。如果我们内心丰盈，就不会患得患失、用力过度，而是心中自有天地的感觉。自己的天地里有云彩，有温柔的风，有用自己画笔绘出的斑斓景色。内心丰盈，天空就会布满自己的星辰。

人的内心是非常精密的仪器，自己喜欢什么厌恶什么，内心可以非常精准而又迅速地感受到。如果我们总是违背自己意愿去做事做人，最后会活在虚假之中，变得非常疲惫，甚至陷入悲观。太过在乎别人的眼光，等于把自己放在火上猛烤，越在乎别人越束手束脚，外界会不断渗透吞噬你的思想，而且你的举手投足之间，无形之中，会有很多迎合的姿态，很多自我意识消失的瞬间。

很多人之所以那么在乎别人的眼光，是因为在内心深处没有自信，没有达到内心丰盈的境界。当然，没有任何人可以完全不顾外界评价，不受外界影响，但现实是太多人被别人稍微打击、打压、批评一下，都会陷入到内耗以及自我怀疑中，都会把自己的玻璃心打碎。如果我们一生都没有自己的主见，没有勇敢地去做一次决定，那么我们会越来越没有力量。

一个人最重要的是学会在纷繁复杂的世界里不断整合信息，做出判断，只有这样，才会提高我们预判事物的能力，才会不断地获得对自我的认可。不尊重自己的感受，不替自己做主，这样的状态，不会让我们长大；我们要自己做出选择，哪怕选择错了，但是只要是自己做出的决定，都会使我们在错误之中成长。

我们之所以那么关注别人的评价，其实是因为没有构建稳定的自我。一个内心丰盈的人，是不会有那么多时间去过多关注外界的，沉迷于外界的幻象，会让我们失去自我生命的本质。还记得曾经曙色初动时，你爬上山峰，看云海翻涌的感觉吗？那种被美充盈的感觉，是人生大美。

一个内心丰盈的人，他自己想做什么、要做什么，怎么努力奋进、怎么享受生活，怎么载歌载舞、怎么挥剑劈荆，都是按照自己生命内心的韵律去完成的。不必过多关注别人对你的评价，因为我们一生所遇之人，大多数都是过客，很多往事，时间一过，都变得云淡风轻。世事喧嚣，在人海之中，在华丽的天穹之下，若有一人能够给我以肯定的评价，给我以温暖的微笑，我便觉得所有的艰辛，所有的笃定都是值得的。

我们通过遇见的人与事，看到自己

做有心人太重要了，我们走过的路，遇见过的人，经历过的事，都是珍贵的，都是人生丰富的体验。我们可以通过遇见的人与事，看到自己，看到别人，甚至看到人世深处的幽微无常。通过对经历过的人与事，进行观照与思省，我们会顿悟很多，明白很多，有时甚至会惊讶，原来我们自己都不是很了解自己，我们是在经历了一些事后更加了解我们的内心，我们的秉性。

认识自己是一件非常难的事，我们以为自己了解自己，但是往往曾做过的判断与抉择，事后连自己都会怀疑是不是自己做的。所谓成长其实就是一个不断了解自己，了解世界的过程。人只有通过自己与别人、与世界的互动，才能够不断地了解自己，塑造自己。很多影响都是潜移默化的，从童年到少年到成年，我们经历过的所有人与所有事，都多多少少会对我们有影响，对我们的心灵有投射。

一个人坐在那里空想，是不会了解自己的，自我需要找到一个载体，才会渐渐显现，就像一束光需要照到一个物体上，人们才能更好地感受这束光。所以我们不要惧怕去做事去接触人，因为如果我们能够凡事都用心去面对去接纳，都会有所得。三人行，必有我师焉，有时我们的老师就在我们身边。我们身边的人与事，其实就是世界的投射，可以帮助我们去理解这个世界，甚至可以帮助我们感知到这个世界深处的幽微。很多看似高深的道理其实在日常生活中就能够感受到。万物皆有踪迹，就看你能不能看到，捕捉到，感悟到。

很多人总想找名师高人指点迷津，其实名师高人就在身边，以日常为师，足以让我们参透人生很多事。一个人不能看见人间烟火，不能感受人事，也就不能洞明世事。能够让自己与周围的世界、周围的人和谐相处，就可以说是有大境界了。大境界不是非要经历什么惊天动地的事才能够获得，哪怕是日常面对的事，都有很深的学问。有时一个滔滔雄辩、看似很高深的人，却把日常生活过得一塌糊涂，很多事永远理不清楚，常常困于心、困于事。也有些人，不懂什么高深的道理，做人做事，却能够做出高度，做到恰到好处，犹如静水深流。这是因为心思静，常常能思省自己。一个人只有理顺了自己，才能够让自己达到最佳的状态。

人生是一个不断超越自己、重塑自己、回归自己的过程，但是所有这一切的前提是认识自己。认识自己要在水深浪阔的人世里历练，自我破碎，自我重建。很多人年少时都觉得自己是怎样怎样的人，但是在生活中历练一番后，连自己都变得不认识自己了。五年一小变，十年一大变，现在的自己与以前的自己简直判若两人。我们只凭自己的心力很难认识自己，只有凭借外界的人来认知自己，感受自己。

生活的震荡，好比流水的冲击，那些遮蔽秉性的残渣会被冲走，渐渐我们会看到真正的自己。人只有面对事时，才会观照到自己以及别人，因为平时都会不自觉地伪装。所谓不经世事永天真，只有能够承受住时间的锋芒的人，才算得上真正拥有赤子之心。

我们之所以要了解自己，是因为只有了解自己，我们才能够更好地完善自己；因为只有在了解自己的时候，我们才能看到自己的缺点，自己的局限。凡是人皆有局限，而局限往往是我们面对人生破局的关键。不了解我们的局限，我们容易对自己误判，对别人误判。想要更好地认识自己，就带着一颗慧心去感知自己遇见的人与事吧。

真正的成熟是不把希望寄托在别人身上

真正的成熟是不把希望寄托在别人身上，是痛而不语，是放弃幼稚的幻想；是不断深入内心，直面自己内心深处的光亮与暗涌；是回到自身，不断勇敢超越自我，回归自我，宠爱自我；是在尝试了生活的苦涩以后，依然能够有阳光的微笑，是能够透过世界的表象看到事物的本质。

很多人会说我对谁失望了、为什么总有人让我失望，其实这个世界就没有百分之百符合我们期望的人。当我们不对别人抱有太多的期望，内心就会平和很多；期望越多，失望越大，甚至会心理失衡、失控。不管是友情还是爱情，首先不是期望别人，而是多期望自己，那些总是期望别人的人，总会遭到迎头痛击。

人特别容易变，昨天还是觥筹交错的朋友，明天就渐渐陌生了，过分地关注别人，其实是自我单薄与脆弱的体现。一个没有自我的人，不可能获得内心的自由，因为你活在别人的影子之下。很多人在爱情中简直丧失了自己，这是非常可悲的。至于朋友间的承诺，也不要太当真，不是朋友不真心，而是彼时一切情与势都变了，朋友想帮你也无能为力了。

一个人越早放弃幼稚的幻想，成熟得越快，因为天下没有不散的筵席，你迟早有一天要独自去面对一些事。我们越早为自己独自面对事情做准备，在未来就越会显得从容。很多人总觉得可以依附于某个人，树大好乘凉，这其实非常幼稚，因为花无百日红，如果你没有形成独立的人格，没有让自我成长，终有一天你会面临选择，你会显得非常窘迫。把希望完全寄托在某一个人身上，是非常幼稚与危险的，越早醒悟越好，时间不等人，醒悟晚了，会让自己进退失据。

成熟不仅要关注外界，也要关注内心世界，聆听内心的真正需求。很多人陷于琐碎的忙碌，哪怕内心世界早已荒芜，仍未得到一丝静心的关注。不关注内心世界，人会越活越缺乏轻盈感，内心哭泣了，我们不拥抱；内心孤单了，我们不疏解，总是试图通过外界的斑斓与忙乱来掩盖内心的呼喊，这是对内心世界的戕害。

成熟的人敢于直面内心的暗涌与光亮。生活有时把人压得喘不过气来，有人就陷入悲愤和偏激之中，觉得世界到处都是黑暗，这显然是偏执的。真正的成熟，是能够客观理性地看待世界，是在经历了风雨以后，依然能够有清澈与阳光般的微笑。这个世界怨天尤人的人比比皆是，与其怨天尤人，不如随缘喜乐，人生说到底，百年而已，不必过于认真。

很多人的成熟都非常表面，比如懂得体谅别人、懂得孝顺厚道、懂得担当，这些很好，但是还不够，如果不能透过现象看到事物本质，就不可能达到真正的成熟。你很多的情真意切，在别人看来就是一个笑话。你极容易被表象迷惑，甚至分辨不出生活中的真真假假，因为你看不到事物本质，所以你分辨不出。

在看到事物本质以后，我们需要努力去超越自我，因为每个人都会有局限性，这局限性甚至会影响你一生，所以走向成熟，必须直面自己的本色，勇敢去超越自我，完成自我的逆风飞扬。

内心强大是人生走向轻盈感的开始

对别人不期待是自由的开始，让自身内心强大是人生走向轻盈感的开始。越早明白这些道理，我们越能尽早走向自我觉醒和自我奋进之路，如果明白晚了，要么陷入空虚之中，要么变得孱弱，孱弱到需要依附于他人，依附于自己不想依附的事物。

一旦我们对别人抱有过多的期待，我们就会不自由，就会过多地关注别人，过多地凝视别人。很多人其实缺乏关注自我的勇气。关注自我，尤其是从内心深处关注自我，需要去直面我们内心的孱弱与坚强，光明与黑暗。关注自身，不断地修身，我们才会越来越自由；相反，对别人关注过多，我们会被束缚，因为其他任何人都不可能完完全全契合我们的所思所想。

对外界关注过多，也会稀释我们自省的能力，没有自省，我们很难真正地成长。让内心自由的过程，也是一个不断自省的过程，甚至一个人智慧的增长，也是来自自省，只有自省时，自我觉察时，我们才能不断地看到内心，看到自我坚定的内在。没有坚定内在的人，犹如浮萍，很容易被外界所影响，所以也就很难自由，因为外界时刻都在变化，我们不可能时时刻刻都跟得上外界的变化。

外界有时会淹没我们，尤其是没有充沛内在的人，很容易被外界淹没，乃至吞噬。一个人应该尽早去建立自我的内在，强大内心，以免被外物所奴役。外界有时候太精彩了，太具有诱惑性，一般人稍不注意就会被这种外在所吞噬。能够真正享受外界，驾驭外界的人，恰恰是那些内心有着丰富精神内核的人；如果你的内在是空洞的，是盲目的，那么极其容易被外界叨扰。

内心强大的根本是自我意识的觉醒，自我有着深深的认同，如果没有自我的认同，我们就会因外界的毁誉而身心疲惫。人生获得轻盈感实在是太重要了，因为随着年龄的增长，我们会越来越陷入沉重之中，各种事情像是石头一样，不断叠垒，心里早已堆起了一座高高的石山。要摆脱这座石山，需要我们修心，让自己内心强大，带着强大的内心去做事、去直面生活的锋芒。

成年人越早去探索自我，越早去构建强大的内心，才会在生活的风雨之中，保持一种轻盈感。有了轻盈感，我们就不会轻易滞于外界的事物，不会轻易因为别人的否定而感到痛苦。建立丰沛的内在，既需要触碰外界，也需要不断地自省，只有触碰外界，我们才能够明白什么是生活，只有通过不断与外界接触，才能看到真实的自我，并不断地超越自我。自我封闭不可能让内心强大，没有经历过生活风雨的人，无法看到人性深处的山峰。

所谓成长有时就是痛而不语

所谓成长有时就是痛而不语，于浮躁中回归静气。在静气中，时间具有质感，哪怕身处喧嚣，也要明白自己的方向；哪怕身处迷茫，也要去做事，而不是等待，一点一滴的进步与积累都是有价值的。自我认同感来自做事而非空想，拥抱现实，而不应逃避。

随着年龄越来越大，我们会发现自己身上有很多局限。这些局限，也许一生都很难突破。我们也会发现过去有很多虚妄，也会发现曾经的浅薄与幼稚，一想到这些，内心深处总有隐痛。能够理解自己的人很少，经常觉得自己内心虽有隐痛，却没办法嘶吼，那种堵在心间的痛苦，体会过的人都懂。这个世界最大的痛苦，往往是无声的，是伴随着孤独的。每个人都是站在自己的角度来理解别人，即使有真正能够站在别人角度去理解的，也不能达到完全理解，所以每个人在成长中都会有痛而不语的时刻。

那些对自己人生有着清醒认知的人，常常会感到孤独，尤其是在觉醒以后，开启自我完善之路的人，更是会面临很多不理解。每个人都有缺点，但是由于一个人觉醒以后，开启自己的人生之路时，往往会放大自己的缺点，于是别人就群起而攻之，在这种情况下，身处漩涡中的觉醒者，经常会有痛而不语的感觉。能够不在乎别人眼光的，毕竟是少数，所以很多人的痛而不语是常态。

肉体的疼痛，可以很快愈合，但是心灵的疼痛，却不是那么容易愈合的。成长之所以让人感到痛苦，不仅是因为别人的不理解，也是因为我们也会看到自己身上的缺点以及很难突破的局限，我们也会发现自己以前因为幼稚而每每陷入人生困境之中。

一个没有反思能力的人，不可能有深刻的痛苦。他虽然会遭到现实的痛击，但是一旦事情有点转机，转头就又忘记了自己身上固有的缺点。深刻的痛苦往往来自灵魂的震撼以及觉醒，午夜梦回时，孤独彷徨时，也许正是我们真正成长时。最深刻的成长，是心灵的成长，只有在意识深处认识到自己的优缺点，我们才能够扬长避短，实现真正的突破。

大多数成长最快的时光，往往是那些沉默的时光，那些落魄的时光，没有经历人生百态，不足以洞察人世的幽微。每个人内心都有一条别人无法踏入的河流。我们曾经激情满怀，把酒言欢，我们曾经年少轻狂，壮志溢四海，但是当宴饮结束，我们渐渐走上成为自己的人生之路时，我们会发现，结伴者太少，被误解的时候太多，拔剑四顾心茫然，唯有痛而不语，千山独行，心向明月。

把自我注入喜欢的事物中

世界越喧哗，我们越需要躲在寂静处。喧哗有时太耗心力了，像洪流一样，席卷我们。一天二十四小时，我们至少要用一个小时，去做自己喜欢做的事。把自我注入喜欢的事物中，我们内心会获得美好的寂静，这寂静深处有高远的诗意。

把自我的灵性注入我们喜欢的事物中，我们会获得内心的平静，甚至达到永恒。小时候居住在乡下时，每日感受日影流云、草木花树、星空晚霞，美极。这些风景已经进入了我心灵里，在我的心灵深处构建了一个世外桃源，自我在这些风景中自由生长。

长大后，那些流动的自然之美，时时会在我的记忆里重现，时时都有身临其境的感觉。那乡下的月色，桃花的简静，清晨的竹露，总是像一幅画卷在心里缓缓展开。现在在都市里生活，一想到乡村风景，内心就会平静，当我把神思注入喜欢的事物时，内心就会获得美的体验。凡是能够让我们获得美的体验的事物，都残留着我们情绪里最诗意的记忆，时时等待着我们去追忆。

自我的独特性很容易消失于日常中，消失于岁月中。时间是把锋利的刀，每个人都伤痕累累，每个人都会丢失掉一些独特的东西。一束花可以有无限的春意，自我可以延伸到世界的各个角落，每个人都活在自己的世界里。世界很大，没有自我作为支点，我们很容易坍塌，被世界淹没；没有把自我的灵性注入喜欢的事物中，很多事物最终都将与我们擦肩而过，我们也很难与事物进行深层次的交流。凡浮光掠影，终将化为烟云。

青春是美好的，是独特的，美好如树上的果实。但是青春一过，如果内在贫乏，内在的独特自我消失，我们就会越来越感到无聊。而那些我们曾经拥有过的美好事物，终将一去不复返，事物之于我们，如银河里的流星一样，缥缈远逝，渐渐消失于我们记忆的苍穹。

自我的灵性像是床榻边流淌的月光。夜光微亮，窗外月华在不远处的海上升起。潮水的声音细细柔柔，像是流水由远及近，潮水伴着花园里玫瑰的香气四处弥漫，我被花气笼罩。房间里有轻柔的旋律，旋律在花香与月光里交织成乐章，声声入耳，这月光让万物之美在幽暗的夜里浮现出来。

沉溺于夜色的美好，我尝试追随自己的内心，我积聚了很大的勇气去抵御孤独，犹如一人独行于茫茫雪夜，只为追寻象征自我灵性的那一枚火种。但如果不追随自己的内心，自我将渐渐消失，灵性也会被冰封，我们将彻底沦为时间的奴隶，我们接触的事物也会失去其最美的色彩。

自我是自然舒展的前提，不管是意识、形体，还是表达，自然而然都显得非常重要，要做到自然而然，必然要顺应物之自然，我之独特。美都是行云流水的，云卷云舒的，个人之美，艺术之美，所有美的表达都需要流畅，所有美的事物都在呼唤我们的独特。

让自己活得又美又肆意

我喜欢又美又肆意的事物，比如水波中晃动的阳光、雨夜里缥缈空灵的音乐、春天里漫山遍野的花朵。生活有时会被现实痛击，我们有时又太敏感，一些生活中的小事，都常常使我们陷入不安。而我们又常常感到内心有种强烈的冲动，渴望突破生活的枷锁，渴望肆意挥洒激情。每当看见燃烧的苍穹，我仿佛看见我的灵魂在战栗，我想冲破一切让我感到烦闷的、厌倦的事物，让自己活得又美又肆意。

小时候就喜欢看“惊涛拍岸，卷起千堆雪”的场景了，仿佛自己的心灵也化为了波浪，在激流中肆意流淌。也许每个人的生命意志都渴望着燃烧吧，谁喜欢一成不变又枯燥无聊的生活呢？对又美又肆意的事物的迷恋，是对日常单调生活的本能反抗，也是对自己束手束脚的人生的不满。谁不想“一蓑烟雨任平生”呢？谁不想昂首阔步演绎自己明媚的青春呢？

年龄越大，我们越容易陷入束缚之中，但生命本身的激情却一直渴望燃烧，就像春天的野花，开得如此放肆，那种恣意的美，如此有生命力，感染人，给人希望，感觉全世界都明亮起来。每当我看见那漫山遍野的花朵，姹紫嫣红，都仿佛觉得自己的灵魂如春潮一般在涌动，我深深地沉迷于这涌动的快感，这感觉可以冲破生活给我的压抑，可以抚慰我在生活中受到的委屈。漫山遍野的花朵颜色，如春潮一样，肆意流淌，灿烂如火焰，明媚如彩霞。

当我们不再喜欢又美又肆意的事物时，也许就衰老了，内心深处的活力也渐渐寂灭了。每个人内心都希望自己能够像一匹狂奔于草原的野马，拥有旺盛的生命力。倘若我们能荡舟出海，登高看日出，不断成长，不断拥抱涌现的自我意识，真是幸甚至哉！任何人的人生都需要舞动起来，既是随音乐旋律而动，也是随自己的生命旋律而动。因为每个生命都渴望舞出自己别样的人生。

我看见云海在涌动，我看见野火在燃烧，我看见鲜活的生命渴望肆意挥洒自己的激情。我渴望穿越苍穹于蜿蜒中起舞，于浩瀚中狂奔，我看见大雪落满千山，我看见孤独在夜色里回旋，我看见生命的暗谷在发出光亮。我们要于人生真实处，感受到自我的存在，让自我的生命流动起来，我们要于生活的坍塌处构建我们生命的城堡。

在似水流年里，我们或许会感受到生活苦闷，感受到有些事物渐渐凝固，但是也感受到了生命潜流的壮丽，感受到了自我超越的可能性。让我们用尽全身力气，让那些凝固的事物流动起来，又美又肆意起来。让我们用生命的火焰点亮我们理想的天空，让又美又肆意的事物渗透到我们生命的意识里。

好的生活状态是刚柔并济

我们最终所得到的往往都是与我们自身能量所匹配的，凡事量力而行，过犹不及，量力而行其实是在保护自己。随着我们力量增强，我们可以增添我们所想要的，但是切勿操之过急，不然容易心力交瘁。很多时候，用力过度都是在伤害自己，爱自己是尽量让自己保持一定的舒适度，而不是耗尽心力去做事，容不得半点闲暇与放松。

人不能总是保持高度紧张状态，这种高度紧张的状态像是熊熊大火，很快燃烧一切，没有生命之余韵。激情很好，但是人生不必时时都处于激情状态，要学会在激情之余，也有闲情。有闲情，反而会让我们的激情更加充沛；但是只有激情，我们很容易丧失持续的力量。

人生实苦，过分的激情，会对苦更加敏感，因为不是每一次激情都会得到回应。如果在激情之外有闲余，我们心灵会放松很多，有时偶尔的偷懒会让我们更加热爱生活。时刻处于高度紧张状态，容易让人变得焦虑。生命之力，应该是像流水一样，时而平静蜿蜒，时而浪卷天空。而人生往往也是喜忧相随，高低起伏，倘若总是处于紧张之中，你周围的人与事物都是不敢靠近你的。有些事的成败，既要人谋，也要天意，总是处于高度紧张的状态，这是完全忽略了天意。

有时我们太想得到梦想之物，用力太过，反而得不到。其实很多美好的事物，都是自然而然发生的，如果总是用力追逐，也许美好事物会渐渐远离我们了。而且我们如果一直处于不舒适的状态，我们的心灵会非常疲惫，心灵一旦疲惫，做事就很难有巧思。很多灵感与巧思都来自闲暇，来自心灵自由放松的状态，而不是来自忙乱之中。用力太过，其实是在压榨自己，透支自己，往深处想其实是不爱自己。人生本来就有很多烦忧事，如果我们不尽量保持一定的舒适度，人生就会变成一场苦役。

很多人其实是不自觉地让自己处于苦役之中。千万不要对不知疲倦地陷入高度紧张自我感动，这是对自己的不负责。心灵是最为敏感的，如果实在太疲倦，那就好好休息一下。如果一直处于繁忙之中，有时反而不能适应闲暇，这就本末倒置了。繁忙的目的是更好的闲暇，更好的生活。繁忙只是手段，闲暇才是目的。我们不断奔跑，只是为了能够看见更美的风景，而不是沉溺于奔跑本身。

好的生活状态是有激情、有闲暇，刚柔并济，既可金戈铁马，也可美酒月光。人生有时走着走着，就渐渐忘记了自己的目的，把过程当作目的，自己则被过程淹没了。每个人保持舒适度的方式不一样，但是一定要时刻提醒自己让自己保持一定的舒适度，否则我们非常容易变得暴躁、焦虑，渐渐没有精气神。凡事都有因缘际会，很多时候强力推动，反而容易适得其反。

最高级的舒适是能够明显感觉到内心有种轻盈感，有种幸福感，仿佛进入到一个美好的意境里，所有事物都带着柔和的光。那种自由的、快意的、活泼的状态像是风行水面，让人感到清爽。

想想你多久没有那种快意的感觉了呢？想想你是不是越来越陷入无尽的繁忙之中了呢？有的人甚至不敢直视自己的状态，因为直面内心，会让人怀疑自己的苦苦坚持是否值得。如果你既会繁忙又会放松，还会享受生活，那么你就不会怕直面心灵，因为当我们享受生活时，那种闲适的感觉会冲洗我们内心的疲倦。

相信自己，展现美好的生命质地

相信自己很重要，很多人明明自己很好，但就是不相信自己，不敢肯定自己。如果对自我有着清晰的认识，就不会因为旁人的几句话瞬间怀疑自己，内在的自我要既强大又自由，才是人生最好的状态。

有时很多事就是因为相信，才能产生力量，才能发生，相信是事物向好的起点。有些人的内在已经非常具有质感，但却不敢将美好的质地外溢，内心仿佛惧怕什么，惧怕奔腾不息的生命之流，惧怕自己生命所呈现出来汪洋恣肆的气象，因为这种气象太美好了，连自己都不敢相信，其实大可不必，不要惧怕，因为只有彻彻底底让自己生命流动起来，生命才会色彩斑斓。

相信自己的人，都有一股浩然之气，都能够聚集能量，都能够于人生的不顺之中，超脱困境，都能够展现出美好的生命质地。相信自己是对内心的唤醒，是对沉睡已久的生命意识唤醒；相信自己是对生活发出呐喊，这呐喊像是战马的嘶吼。相信自己的人往往是自爱自律的人，也是乐观活泼的人，对自己对生活有种激情。很多人明明自己很好，但总是非常怯于展示自己；很多人明明有光亮的颜色，但总是惧怕被别人看见。

人生很多事，倘若没有自信，我们是没有勇气去探索的，是没有激情去跨越高山大海的。不相信自己的人，往往给人感觉缺乏一口气。人生很多关键时候就是相不相信、敢不敢的问题，敢不敢让自己的生命彻底流动起来、汪洋恣肆起来。就像艺术家完全沉溺于自己的创造之中，我们的生命也时刻在创造，生命是流动的，生命是可以不断提升质感的。

看看那些浑然忘我的舞者吧，看看那些活得奔腾不息的人吧，看看那些豪情万丈、在困难之中也能够奋然挥鞭的人吧。很多人进入社会以后，渐渐封闭了自己，因为生活有苦涩，有不如意，甚至一旦你开始展示自己时还会遇到打击与否定，所以渐渐封闭了自己的生命能量。但是，要想活出色彩，要想突破生命的枷锁，就不得不相信自己，就不得不让自己处于完全放开的状态，让内心的激情得到彻彻底底的释放，哪怕深处黑夜，也能够于千山间独行，不惧怕高峰，不惧怕看见更美的云天，要有与古往今来美好的事、美好的人对话的气魄。

相信自己是个体生命的觉醒，只有深深地相信自己，我们的身心才能合一，我们才能迸发出创造力。相信自己是对自己最崇高的致敬，内心深处回荡着生命的赞歌，有种酣畅淋漓的快意。山河大地，溪流日影，一切的一切，都呈现出美好质地，自我的生命也应如此。不要贬低自己，不要否定自己，相信自己配得上一切美好的事物。

倘若你常常感到自己是压抑的、封闭的，就勇敢地打开心扉，彻彻底底敞亮起来吧。在压抑之中，你会听见生命的哭泣，你会看见生命渐渐枯萎。也许你的内在已经很好了，但是你却让自己的内在困于生命的幽谷，不让其外溢，不让其流动起来，这太对不起自己了。别再惧怕，别再犹豫，别再彷徨，哪怕你经历过打击，哪怕你经历过失败，哪怕你跌入过深渊，但是只要内心深处有火种，只要这火种敢于再次跃动起来，那么你依然可以活出自己的味道，活出最充沛快意的人生。

辑二

见世界

不要怕被世界辜负

想要更好地融于世界，就不要怕被世界辜负。不怕被世界辜负的人，内心往往是有趣的，也是勇敢的。当我们不怕被世界辜负以后，我们反而能够活得更加开阔洒脱，更加敢于去践行自己的人生目标。当我们勇敢以后，我们将看到更加辽阔的风景，享受更加美好的人生。

有趣而又勇敢的人灵魂是丰盛的，是可以和万物对话的，是敢于主动去拥抱世界的，哪怕经历忧伤，一个有趣的灵魂也可以通过温和的方式进行自我疗愈，而不是自暴自弃，乃至自残，即使得不到回应也能够怡然自乐，即使遇到挫折也能够重获信心。

不要对别人有过多的期待，是我们走向独立自主的必备品质，期待越多失望越多，而且也容易形成依赖。依赖别人还不如依赖自己，现实浮现的过程就是一个不断打破幻想的过程。我们好多歇斯底里，好多失望都是因为对自己对别人有太多不切实际的幻想，甚至会疯狂到把幻想当真实，靠幻觉而活。接地气而活的意思就是以自己的处境来想问题，解决问题，而不是拔高自己，更不是打压自己，恰恰是客观地看待自己。不对别人过多期待，我们就能更好地融合于世界，就不会有那么多执拗。

其实我们不需要过于追求别人的理解，这个世界上没有完完全全的理解，没有彻头彻尾的感同身受，就连同床共枕的人，也做不到完全理解，何况那么多只有一面之缘的芸芸众生呢？完全理解这个事，或许根本不存在，有那么一点点理解就不错了，别人能够透过我们灵魂的缝隙给我们一点温暖与阳光那就很好了。

越独特的人，越能够做出好玩有价值的事，人人都理解你，未免太过肤浅。人需要深沉地活，深沉而又清澈，生活从来都不简单，没有深刻，我们会被生活虐千百遍，被小人暴击。在生活的击打面前，独立于世并非最优解，很多时候只是一种自我逃避、自命清高，我始终觉得要想生命充满活力，必须融入世界，在世界里尝试生活的酸甜苦辣，才能够活出智慧。

每个人都有自己的天性，这个天性孕育着人的独特性，独特性往往是生命波澜壮阔的源泉，所以我们需要圆满天性。什么叫圆满天性呢？其实就是把我们骨子里那些初具雏形的天性释放出来，让其自由成长，茁壮成长。天性也，近天道也，当然是向阳的、生猛的、精细的，而不是猥琐的、阴暗的、粗枝大叶的。所以成长就是把小时候身上那些好的、漂亮的东西淬炼出来，让其成为具有风格的艺术。

只有不怕被世界辜负才能走出属于自己的道路，才有可能展开波澜壮阔的人生。很多人活得太小心翼翼了，就像很多人因为怕感情受伤，而不敢尝试恋爱，那么我们很难真正成长，很难获得爱情。人生百年而已，该疏狂就疏狂，该纵情就纵情，恣意点也许会活得更轻松。正因为我们不怕被世界辜负，我们反而能够以谦卑而又大气的心态行于人世。

世界有其锋芒的一面，也有其柔软的一面，锋芒如太阳，柔软如月亮。面对锋芒，我们勇敢，面对温柔，我们拥抱。用平和的心态去面对世界，我们才会察觉到生活的真相，偏激会导致我们内心失衡，世界给我以痛，我接住痛，然后继续前行，策马奔腾。

谁没有迷茫过、自我怀疑过呢

山河无言，岁月静流，每个人都有自己的使命、担当和责任。谁没有迷茫过呢？谁没有自我怀疑过呢？但即使再迷茫，再自我怀疑，也要努力向前走，而不是陷入颓丧而不可自拔。想想我们一路走来，遇到的委屈、不理解，甚至嘲讽，倘若我们轻易放弃，真是辜负了曾经的自己。

每个人都会经历黯淡的时光，在这样的时光里，哪怕用尽全身力气，也是寸步难行，难以改变现状。很多人在黯淡的时光里，渐渐放弃了自我，随波逐流，自甘堕落，把以前积累的技艺也都荒废了。其实一个人越是陷入困境里，越需要不断努力、不断做事，因为如果不做事，就会整天胡思乱想，心情越来越沉重，陷入自我怀疑之中，严重的人会一蹶不振，从此再也站立不起来。

我们需要明白的是，几乎每个人都会陷入迷茫之中，甚至可以认为迷茫是人生必要的过程，很多顿悟都是来自迷茫里的挣扎和孤勇；迷茫也孕育着顿悟，孕育着我们人生的方向。所以不必过于惧怕迷茫，迷茫过后，又是一片新的天地。

不要遇到点事就急于否定自己，人生没有白走的路，哪怕你以前走上歧途，荒废了很多时光，只要你认真反省，就可以得到一些人生启示。当一个人陷入消极之中，尤其是周围人都来否定你时，你更加需要积极地肯定自我。人生困境对于身心本来就是一种煎熬，如果我们再自我怀疑、自我打击，那就更没有心力去突破人生困境了。这个时候，最需要的是越挫越勇的气魄，哪怕浮夸一些，也比无情地打击自己好。无情地打击自己，我们很容易精神萎靡，没有力气再继续前进了。

真正做事的人，往往内心都有一份孤勇，一份执着。这个世界上任何事情的发展，都不可能百分百按照我们的心意走，有时甚至会出现让人沮丧的局面。但是很多事物都处在变化之中，只要我们坚持，认真去做事，总能收获一些生命的滋养。

当我们陷入人生困境时，当我们陷入迷茫时，不要自我否定，哪怕我们真是错了，也不要完全自己否定，给自己留点余地。如果批评走向极端，把自己说得一无是处，会消耗我们的心神。当我们经历迷茫时，静静地，咬着牙做事吧，既然人生的凛冬已至，那就烧起柴火，自我取暖，等待春暖花开吧。

人生越到后面越仓促

人生越往后走越仓促，很多人和事都渐渐浮光掠影，渐渐失去重量。我们经常也会有种无力感，无力去延缓事情的走向，无力延缓光景的凋零，无力改变以前犯过的错、偷过的懒、受过的伤，最后要么自欺欺人、要么举手投降。

所有的事都是绵延的，今日之我是昨日之我的绵延，年轻时倘若太过荒废光阴，太过流于表面的肤浅，没有感知到生活的暗流，迟早要为无知付出代价。很多事越早未雨绸缪，越容易有安全感，越不容易被生活击碎。生活处处有暗礁，倘若我们没有识别暗礁的能力，很容易触礁而身心疲惫。三十岁前，是人生中最漫长的时光，日色悠悠，少有真正的伤痛，更多的是童年的快乐，青春的飞扬，于是我们完全沉醉于青春的疏狂里，我们总是虚掷太多的光阴，消耗太多的元气，流于肤浅的个性，少有真正地去感知生活。

但是随着年龄越来越大，我们会日益清晰地感知到我们越来越仓促，仿佛很多事已力不从心。时间随时都在远去，三年五年不过是一瞬而已。也许只有在青春时未雨绸缪，才有能力对抗后来的仓促吧，因为任何人都迟早会面对真实的生活，真实生活的复杂，不是青春时的单纯就能够应付得了的。

人生如棋，我们迟早都会被迫在棋盘上搏杀博弈，人生的每一步，不管是有意还是无意，在棋盘上都没有虚子，都有特殊的意义。那时我们还太年轻，我们不知道我们每一步都是人生的轨迹，任何对人生的轻浮都会有相应的代价。

其实人生每个阶段都有必须面对的事，逃避是没有用的，只有正面去迎接，去接纳，去克服困难，才能有所前进。并不是任何时候任何事都可以重新开始，年龄越大越束手束脚，所以要趁着年轻多去做一些事，为人生铺垫一些坚实的东西，而不是沉迷于那些浮华的姿态，浮于表面的自我催眠。

很多时候我们之所以感到人生越来越仓促，是因为我们从来都没有布局意识，没有直面生活的勇气，以为很多事都能得过且过，但是生活从来都容不得半点矫情。那些曾经自以为是的个性，不过是自我耍酷罢了。而真正的酷是能够游刃有余地面对生活，是能够识别未来可能的变化。所谓的运筹帷幄不过是在生活中通过一遍一遍真实的演练而渐渐形成的能力。

谁都想闲看庭前花开花落，但是没有布局，没有努力，就很难达到闲云野鹤的状态，因为很多事情迟早会来，不是你假装它不来就不会来，即使这样的事不来，也会有那样的事来，总之人生不如意事十之八九。

我们年龄越大越会认识到生活的真正面目，原来生活真的是一面镜子，我们偷过的懒，我们自我欺骗，都会在镜子里如实映照，它不会因为我们表演得过于完美就不揭穿我们，不管我们多么善于伪装、多么善于自我欺骗，始终要面对生活的真相。

寸寸光阴都是美的，都是重要的，都是同样速度流逝的，重要的是你能够敬重时光，能够把每一个当下过得充实，于生活的真实处对自己坦诚，对岁月坦诚，只有这样我们才不会越来越感到人生之仓促。

好的事物都有一种沉淀之美

好的事物都有一种沉淀之美。你看到的繁花似锦，都是时光打磨出来的。一个人的气韵流动，举止潇洒，都是经历过生活检验后的厚重，有厚重，所以才能举重若轻。没有沉淀的人生，不可能爆发出惊人的力量，最多昙花一现，偶尔惊艳的尽头是归于死寂的枯萎，那些转瞬即逝的绽放，凋零得太过迅疾。

每个人的生活都被两条河流围绕，一条是现象之河，一条是本质之河。现象是五彩斑斓的，我们很容易沉迷其间，五彩斑斓的色彩晃得我们心醉神迷，多数人在五彩斑斓的世界里，沉迷而不知返。成年人漂浮在时间之河上，感觉每天都在忙，但是回过头来，仿佛什么都没有沉淀，没有积累，只是徒增岁数罢了。

我们把自己的生活雕琢得像是精致的玲珑宝塔，外人看起来我们过得极为精彩，其实也许只有我们自己知道，这玲珑宝塔是一种幻象，宝塔的地基早已开始摇晃。精致精彩的生活谁都喜欢，但这不是生活的本质，最多算是人生第一重境界。

人生有三重境界：第一重，活在现象之中；第二重，活在本质之中；第三重，基于本质构建更加摇曳多姿的现象。大多数人都摆脱不了第一重境界，第一重境界如太虚幻境，不管是快乐还是悲伤，都让人不能自拔，不能脱离。我们用尽全身力气，不过只是为了让别人觉得我们过得还算可以。我们的自我被外界严重地压缩了，不管是美貌还是才华，倘若只停留在第一重境界，都会迅疾凋零。皮囊终将老去，而才华也由于被外物所压缩，最终走向枯萎。这就像一朵盛世牡丹，在狂风暴雨中备受摧残，渐趋凋零。

我们之所以很难摆脱第一重境界，是因为第一重境界所构建的迷宫太炫目，大多数人都会陷溺其间。第一重境界会给我们带来人生的沉淀，但是作用有限。第二重境界是洞察事物的本质，回归本我。我们渐知美好事物的内核，喜欢但不沉迷，就如好的爱情不是控制，也不是沉迷，而是两个人有彼此独立的空间，一起成长。凡是没有找到本我的人，都是缺乏力量的，容易支离破碎。

很多人用几十年沉迷于浮华现象，最后猛然发现不过是一场幻觉，换来一生的遗憾。现象自有其美，但是没有本我，容易迷失。而且本我也是在充沛的生命体验之中去完成自我升华的，只是倘若只沉迷于现象，或者只活在现象之中，必然会走向对人生感到乏力的阶段。外界再精巧，倘若丢失了本我，也不过是游魂罢了。这就像有人虽然谈过很多次恋爱，而依然不知爱为何物，越发孤独；在工作十多年之后，猛然发现自己一无是处，如机器一般，在日复一日的工作中把生命的激情渐渐耗尽。

人生第三重境界是基于本质构建更加摇曳多姿的生活。当一个人有了沉淀以后，心里是踏实的，而不是张皇的，就像我们知道了一个目的地，行走才有方向，内心有了自我意识后，人生基本盘会更加稳健。知道自己要什么，知道自己的优缺点，知道自己的可贵，才能基于本质，基于沉淀让生活拥抱更加浩瀚的天空。

有的人路越走越宽，有的人越走越窄。每个人都会面临疾病，面临亲人离去，面临拮据窘迫，很多人都是得过且过。但是有的人可以慢慢为这些做准备，哪怕日拱一卒，也终功不唐捐。人生是一个回归本质的过程，我们会在途中形形色色的现象间沉浮。当我们渐渐透过这些现象，看到了自己的本质，并且进入到自我本质的空灵之境，我们会越来越有力量。纵然人生滚烫，仍愿你如初生牛犊，能量满满，在自我本质之中构建华美的人生。

白天披甲上阵，夜晚诗意月光

白天披甲上阵，夜晚诗意月光，生活的充实与美好，不外如是。有强劲，有闲情，有坚韧，有温柔。世事喧哗且浮躁，有时候你不想陷入复杂与纷争中去，但是依然逃脱不了。面对复杂的白天，我们需要勇敢，要敢于骑着战马，披甲上阵，奋力厮杀；当夜晚来临，我们需要修身养性，回到自己的港湾，听着音乐，畅饮美酒，欣赏月光。

生活从来都是不易的，也不总是温柔的。生活有时就像战场一样，我们不得不披甲上阵，迎头厮杀，稍有不慎，满盘皆输。我们像是孤独的勇士，眼前烽烟滚滚，耳边战鼓雷鸣，为了责任，为了心中的梦想，必须亮剑，哪怕伤痕累累，也要怀着一腔孤勇匍匐前进。

随着年龄的增长，我们越来越容易给自己的心灵披上铠甲。我们的心灵越来越封闭，总有一些事无法向人诉说，总有一些人虽然挂念，却渐渐彼此天涯。我们白天在职场，看似八面玲珑，其实早已疲倦至极，但不得不强撑。因为生活本就如此，想要得到什么，就必然要有所付出。没有任何掌声是凭空而来，没有任何丰收不需要辛勤播种。

这世上最艰辛的路，往往最能让人感到踏实，身边那些走捷径的人，最后多多少少都付出了更大的代价。面对真实的生活，我们才发现能依靠的只有我们自己，只有我们自己才能够打开束缚我们的枷锁。曾经的承诺，转瞬归于苍白；曾经的相拥，渐渐咫尺天涯。只有放弃幻想，向生活开战，我们才能活出多彩的人生。

只有辛勤，没有享受；只有紧张，没有松弛，我们的生命之弦容易断裂。所有的能量都需要流动，白天我们淹没在忙乱中，夜晚我们需要静静释放，回归慵懒，让心灵敞开，让心灵盛放诗意与月光。如果说白天我们是被现实紧逼，那么夜晚我们就应该对自己温柔以待。白昼我们会陷入慌乱，陷入紧张之中。这些慌乱与紧张，需要在夜晚得到安放，得到抚慰。人生应该张弛有度，白天披甲上阵，夜晚诗意月光，这才是最美好的状态，最好的平衡。

夜晚的月光很美，轻盈如梦，静静地微醺着，慵懒着，看夜空烟花升起，山河无言，邀三两朋友围炉夜话。每一个对良辰美景的辜负，都是对生活的践踏，是对自己的粗暴以待。

生活上文艺浪漫，做事上将军挥剑

在生活上可以文艺浪漫，但在做事上要像将军挥剑，运筹帷幄，没有任何幻想，直面现实，杀伐果决，稳扎稳打。很多人把两者弄混了，所以活得很累，软弱无力，尤其是在面对人生困境时，很少主动去克服。

生活大多数时候都是枯燥的、单调的，甚至是无聊的，但是人生只有一次，而且每一天、每一个当下都是唯一的。如果我们没有一颗文艺浪漫的心，我们的一生会把大量的时间浪费掉。一个审美独到的人，每天都可以过得有滋有味，即使面对寻常的一花一叶，也能够发现无限趣味与美意，更何况人类文明中还有那么多丰富多彩的精神杰作：美妙的音乐，让人心旷神怡的画作，引人入胜的经典著作……如果拥有一颗文艺浪漫的心，这些人类的精神杰作就可以很好地滋养我们，帮助我们打发无聊而又枯燥的时光。

诗意的栖居是每个人都想拥有的，对浪漫唯美的喜欢，是植根于每一个人心灵的，就像人们穿上漂亮的衣服，就觉得这一天又是崭新的，天气是晴空万里的。如果一个人没有一颗文艺浪漫的心，就会失去很多丰富而又细腻的体验，永远在俗事上繁忙，一生多多少少有点苍白，有所欠缺。文艺是美好的，是对美的追求，是丰盛灵魂最深处的渴望。一个真正拥有文艺浪漫心灵的人，在欣赏杰作时能够全神贯注，多少次沉迷，多少次如痴如狂，那是一种非常美妙的人生体验，超然物外，身心轻盈。

文艺可以帮助我们抽离现实，进入到唯美的空灵之境。但是没有任何一个人可以永远摆脱现实，现实永远是强大而又粗暴的，一个人想在现实中有所斩获，必须有立足于现实的态度。文艺可以充满幻想，但是在现实中做事，永远不要充满幻想，越是充满幻想，我们越容易被现实打击得粉身碎骨，毫无还手之力。现实是复杂的、随机的，面对现实的随机与复杂，需要人的随机应变以及智慧。

可以说现实就像一个战场，一个人在现实中做事要像将军一样，运筹帷幄，该挥剑时就要挥剑，杀伐果决，容不得半点迟疑。带着一颗文艺的心去做事，并不是很好，文艺是唯美的、漂浮的，现实却是生猛的、实实在在的，面对现实，需要强大的执行力，持续的爆发力和顽强的意志。现实经常锋芒毕露，兵临城下，这个时候不应该风雅，而应该亮剑，骑着战马，迎头痛击。

只沉迷于文艺，容易让一个人变得单纯，很难在现实中应付自如。因为现实里人性幽微复杂，只沉迷于文艺，对人心的感知会变得脆弱，对各种社交就会应对失当。理解现实的复杂性，可以提高我们承受生活不光明一面的能力，如果只活在小而美的艺术之境里，容易陷入偏执偏激之中。对美过度的沉溺，容易让一个人容不下现实中的不美。文艺让我们的心灵通向浩瀚的星辰，植根于现实做事，让我们心灵深入人性幽微之处，立足大地。

愿你历经沧桑，归来看剑依旧

成熟必然包含着委屈，包含着痛苦，你成熟了，也意味着经历了沧桑。最难能可贵的是沧桑过后，还有少年气，还能归来看剑，还能意气风发。我希望你成熟，但是我更希望你成熟后，能够依旧勇敢，依旧洒脱而行。

人生其实是单行道，没有回头路可走，也没有后悔药，我们不可避免要为自己的无知、肤浅、懒惰和短板付出代价。人的成熟大都是被逼出来的，进入社会以后，远离了学校的象牙塔，很多事情都需要自己去面对。社会太复杂了，形形色色的人，把社会交织成了一张大网，每个人都在这个网中。人与人之间的差异，往往使我们不可避免地在关系网中遇到困难。

可以毫不夸张地说，每个人在社会里都多多少少会遇到打击与挫折，有些人甚至陷入长久的沉沦之中，活得像一条死鱼。大多数时候，成熟都是被痛苦，被挫折，逼出来的，谁不想一直单纯下去啊！但是生活似虎豹，追着我们，想吞噬我们，我们不得不奋力奔跑。谁没有在暗夜悄悄地哭泣过呢？谁没有被人冷眼相待过啊！有时生活就是那么坚硬，坚硬得如一块石头。

当你被生活打击时，当你学着匍匐前进时，我希望你能够洒脱而行，不要被以前那些灰暗颓败的时光冲淡生活的激情。每个人都会遇到挫折，不是你一人，每个人都有脆弱时，所以你大可不必苛责自己。带着沉重的包袱前行，会影响我们前进的步伐。一个强大的人，是不惧风雨的，也不会轻易被别人击倒。这个世界，谁都不能从根本上帮助你，只有你自己才能突破枷锁站立起来，再爱你的人，有时也爱莫能助，因为有些事、有些坎必须自己过。

很多人经历了沧桑以后，眼睛里早已有深深的疲倦了，心像坍塌了一样，再也提不起精神做事了。虽然情有可原，但是在理智上，我觉得还是不要这样为好，那些让你饱受委屈的人和事，当然希望你从此一蹶不振，希望你永远陷入倦怠之中。但是作为独特的你，需要清扫干净内心的尘埃，再次出发，而不是被以前经历过的事所拖累。

有些人经历了几次失败以后，就不敢做事了，觉得自己什么都做不好。其实大可不必，这个世界上任何人要做成一件事情都是不容易的，失败太正常了，失败了，反省后，继续奋发有为就好。大胆一点，像一个勇士一样去披甲上阵。当然很多事情说起来容易做起来难，但是我们首先要把很多道理想透，然后沿着这些思路去慢慢改变，没有思想的改变，我们很难意识到自己的问题所在，很容易陷入自怨自艾以及茫然之中。

人生如梦，何不如痴如狂地醉心于梦境？在梦境里优雅起舞，激情起舞，哪怕我们身陷泥潭，哪怕我们经受过挫折打击，我们也可以骑着时间之马，再次归来，看看曾经用过的剑是否依然还有锋芒，看看那挂在墙上的剑是否还有锐气。愿你经历沧桑以后，依旧可以归来看剑。

赶快聚焦吧，深爱二三事

若爱，请深爱。很多人喜欢一件事，都是浮皮潦草的，很多事情需要不断深入才能发现其惊人的美。诚然我们在深入事物的过程中会迷惘、会失落，但是往往突破也在这里。时间有限，请深爱二三事吧，你看一晃，你马上而立不惑知天命了，赶快聚焦吧。

时间其实过得非常快，到了三十岁以后，大家才普遍对时间有深刻的感触。二十几岁谁会想到时间珍贵啊，那时都觉得时间无穷无尽。但是一到三十岁，就会发现时间不仅是真实的存在，而且还有锋芒，回望前三十年，我们会发现简直像梦一样。不知不觉就到了三十岁了，前三十年，我们一定遇见过我们喜欢的事物，但是很可惜，很多人早早就放弃了，等到四五十岁，蓦然回首，发现自己过得非常苍白，不禁痛惜自己没有坚持一件自己的爱好，否则也不会在后来的人生里虚度那么多闲暇时光。

如果你现在二十几岁，一定要注意留心你喜欢的事情，一定要坚持做下来，倒不是未来这件事会让你怎么样，而是说人生有太多时间需要美好的事物去支撑，而你喜欢的事情是最能够帮助你去度过那些无聊时刻的。年龄越大越会觉得每一分钟都是宝贵的，但是由于我们没有什么真正喜欢做的事，我们就只能把宝贵的时间用在那些无趣的事情上了。二十几岁，若遇见自己喜欢的事，不要急着把喜欢的火焰扑灭，不急不躁，慢慢去做这件事吧。

很多人喜欢一件事都是浮皮潦草的，刚开始很喜欢，但是真正去研究时，又觉得枯燥，或者说觉得不能让自己产生更大的欢喜和好奇，就渐渐放弃了。很多事情要领略其更深刻的美，都需要不断深入。在深入的过程中，我们也许会陷入到迷惘，但是坚持一下，你会发现这事物更高的美。倘若稍微觉得有点枯燥就打算放弃了，那你这一生，永远在事物的浅层次上打转。

其实一生与我们真正有缘分的事不多，大多数事情都是模式化的，都没有注入我们的灵性。年龄越大，我们喜欢新事物的激情会越来越少；然而年龄越大，我们又恰恰需要一些事来帮助我们打发时光。如果你没有真心喜欢一件事，那就意味着你的一生有大部分光阴是荒废的，是没有质感的，内心是漂浮的。谁能逃脱孤独呢？有自己喜欢的事，可以帮助我们对抗孤独，有些甚至成为我们人生的一大亮点。如果在二三十岁早早放弃自己喜欢做的事，迟早我们会后悔，但是那时已经悔之晚矣。

人生越到后面，时间过得越快，如果有一件自己真正喜欢的事，可能这件事会帮我们减缓时间的流逝。如果有一件事，你喜欢了几十年，那么这件事本身来说，已经有些境界了。这境界是非常美好的，犹如在险峰看日月，云海翻涌，你与别人的气象格局自有不同。

然而现实是大多数人都很难喜欢一件事达到十年，更不用说几十年了，所以能够领略那些更高的美的人在现实中是少数。我们虽然处在同一个世界，看到的景色却是不同的，有的人在山脚，有的人在山腰，有的人在山顶，不同维度，看到的风景自然不同，生命的状态也自然不同。

突破往往是自我反叛

每个人突破自己都是难的，很多人一生都不过是自我重复，可以说每一次自我突破都有刻骨铭心的生命体验，每一次突破都是从避免自我重复开始的。日月常新，但是人却总是循环于单调之中，甚至悲观点说，一个人的气质、性格从根本上来说很难被改变。要想改变自己，需要很大的智慧，需要有豁出去的勇气，如果你不满意自己的生命状态，那么就勇敢开始改变吧。

突破往往是自我反叛，可又有多少人敢于反叛自己呢？年龄越大我们越容易被陈旧的自我淹没。我们的欢喜，我们的忧伤，很多都是注定的，都是我们自我的演绎而已，也就是说我们注定会成为这样。

但是万物又不是绝对的，一个内在觉醒的人，可以突破一些生命的枷锁，走向更加辉煌与饱满的人生。纵然从根本上来说，我们很难改变生命的调性，但我们仍然可以通过自我觉醒，自我改变，让这个调性变得更加华丽。自我反叛有时会推动我们突破一直植根于我们血液甚至基因里的惯性之力，每个人的基因里都流淌着古老的记忆与意识，那些遥远的记忆与意识既保护着我们，也囚困着我们，所以我们也需要为其注入新的活力。

自我重复会让人生变得非常单调。重复有时意味着安稳，但是有时也意味着后退、自我麻痹。有些良好的习惯、天性，通过自我重复加以保持是很好的，但是一些不好的、暗浊的生命潜流，我们就不要让其轮回。用我们内心的觉醒以及智慧，让那些阻碍我们生命成长的元素不再循环往复。

有时回望自己走过的岁月，会发现我们所犯的很多错误，如果追根溯源，其内在的原因都是惊人地相似，像是一个咒语，不断在我们身上应验。当我们内心觉醒，发现了这个咒语，就要敢于逆转这个咒语，以后遇见了类似的事情，在处理问题时，就反其道而行之。

我们的肉体虽然在不断地衰老，但是我们的精神却可以不断生长。影响一个生命流变的往往是我们的心灵，这心灵是由习惯、脾气、性格、见识、家庭环境所共同叠加而成。一个敢于不断提升自我、不断梳理内在的人，往往有获得新生的可能。内省是一个人变得强大的必由之路，如果一个人总是沉迷于外在世界，往往会感觉人生如梦，自己总是被外在世界驱逐，像是流浪在荒原之上。

自我重复的改变，小到穿衣风格、饮食起居，大到为人处世、人生走向都可以改变。很多改变都是从细微开始的，而我们很多的单调其实都是那些细微的心理感受，细微的人生体验板结于我们的心灵，投射在我们的为人处世上，我们的一言一行其实都是在不断地重复之中。很多人总是会在事后悔恨当初，却都没多大用处，如果我们不改变我们的思维习惯，不改变我们内心的心灵投射，我们以后遇见相同的问题，依然会做出如此选择。

只有那些深入内心进行自我省察的人，才能够真正摆脱单调与重复。生命的绚丽往往来自自我突破，每一次突破都会遇见绝美的风景，像是在险峰看云海一般，万物皆静，身心轻盈。

卸下铠甲，享受相遇的美好

夏日炎炎，人不免烦躁，偶尔有细雨来袭，真是惬意，像是一场不期而遇的爱情，让人感到心旷神怡。尤其是夜晚的夏雨带来阵阵凉意，不远处河塘在夜色里聆听雨声潺潺，这潺潺的雨声像是意中人的温软呢喃，而供人栖息的小屋在雨声里像是荡漾于海上的一叶扁舟。虽然是城市里的雨，但还是能闻见充沛的植物的气息，这植物气息在我身上浮动，我的身心渐渐卸下铠甲，享受相遇的美好。

都市人看似每天身处繁华，但是内心大多是封闭的，很多人都是带着铠甲在活，没办法，人容易感到孤独，我们需要掩饰孤独。虽然好友很多，但是能够深入交谈的人真的很少。当我们敞开心扉时，我们也许会被别人笑话，也许会引发别人的反感，因为我们的心之所困，也正是别人的心之所困，如果让别人看见了自己内心深处的千沟万壑，别人也会感到尴尬，因为别人通过我们看见了他们自己。有时，人们宁愿相信不切实际的幻想，也不愿面对自己真实的心灵。我们都披着铠甲，为了保护自己，也为了防止别人恶意的嘲弄，看似潇洒，实则小心谨慎。这种内心的困顿，导致很多人最后走向孤独，走向自我否定，导致身心僵硬。

我们一生能够遇见几个能够让我们完全放松，完全展示真实自我的人，真是难得的相遇。我们以赤子之心相遇，必然有很多美好。但现实却是人与人之间很难完全做到感同身受，很难做到完全的相遇。倘若我们遇不见可以彼此坦诚的人，那么我们就去遇见美好的风景或者事物也不错。

任何人的身心都需要放松，要么有可以深谈的友人，要么有可以完全享受的美好事物。总之，我们需要时不时卸下铠甲，否则我们内心会感到疲惫。沉浸于艺术，沉浸于美景，沉浸于爱情，都是美好的，艺术让我们的心灵自然流淌，美景让我们被美所喂养，爱情让我们日渐僵硬的心灵柔软。

成年人最大的难处是永远无法像小孩子一样敞开心灵，所以我们期待爱情，因为爱情可以满足我们的自恋，包容我们的缺点，见证我们真实的样子。两个人一起面对生活的不堪与美好，一起对抗时间的锋芒。不卸下铠甲，就得不到最真实的爱情，众生多苦，以坦诚之心相见，才能把关系走向深入。不管是在爱情上，还是在艺术上，不卸下铠甲，就永远抵达不了最迷人的风景。艺术最核心就是心灵的自由流淌，没有自由流淌的心灵我们不可能创造一流的艺术，凡所有事能够达到顶峰状态的，都需要心灵的舒展自如。

我们之所以会给自己披上铠甲，是因为我们曾经被屡屡伤害，但不要因为被伤害过就让铠甲深深地长到骨肉里去了。这个世界上最无趣的人，就是无法真实做自己的人。诚然我们为了生活常常不得不戴上面具，但是只要稍有闲余，我们何不摘下面具呢？没有完全的放松，何来优雅的舞蹈呢？

勇敢去拥抱吧，去爱吧，哪怕被拒绝；勇敢去赞美吧，哪怕被轻视；勇敢恣意而活吧，哪怕偶尔会受伤。卸下铠甲，身心舒展如夏夜吹来的凉风，美极。凉风就像是薄荷一样，幽幽入肤，肌肤好像是长在深山里的野花沐浴在深山的清幽里，而心灵像是黄昏退潮时的空气，清润薄明，如荷叶上的水珠。

浮躁的本质是不能进入事物深邃的内核

很多人都说这个时代很浮躁，但是如果要深刻地追问浮躁的本质是什么，大家又回答不出。其实浮躁的本质是我们不能进入深邃事物的内核，也就是说我们渐渐丧失掉了平心静气去思考问题、研究问题的能力了。这好比如果你连一部几十万字的书都读不进去，那么你的阅读能力不可能有多高，你的思考力度也不可能有多深，这些都会反映到你做事的能力上，你做事是浮起的，一旦进入到深邃的部分，你会相当吃力。

人人都知道浮躁不好，但这也只是一句流行的口头禅罢了，很少有人真正去思考，去直面。而且很多浮躁的人，也过得很好，甚至生活相当精彩。当大家都浮躁的时候，觉得自己浮躁了也无所谓，泥沙俱下，大家一起沉沦也挺好。其实别人浮不浮躁，真的很难说，因为我们很少与别人时时刻刻待在一起，别人也许晚上蹦迪，清晨写诗呢！一个人要把某件事做好，必然会进入到这件事的深邃处，因为只有研究透了，只有不断向事物更深的内在进军，人们才能更好地把握这个事物，只有把握了这个事物，才能更好地驾驭这个事物。就像很多人喜欢玩车，对新车渐渐研究透了，摸透了它的脾气，才能更好地驱使这辆车。

时代五光十色，乱花迷人眼，一不小心就把我们的心弄飘了。上学时，我们还能够为了一道数学题而冥思苦想。进入工作以后，很多人几乎很难沉下心来进入那样的思索状态了，于是整个世界给人的感觉像是进入一片混沌之中，自己也变得易躁、易怒，人越活越肤浅了。年轻时，我们可以凭借青春瞎混几年，但是当我们年龄大了，对很多社交不感兴趣了，我们怎样平和度日呢？如果我们丧失了进入事物深邃内核的能力，我们就会变成一个漂浮在时间里的圆点，越来越小，直至没有存在感。

进入事物深邃的内核会看见别样的风景。不管你做什么，一旦能够进入事物深邃的内核，你就会发现一种从未有过的感觉。这种感觉让你心静，甚至让你拥有创造力。由于大家太浮躁，做事只图简单、便捷、迅速，所以大家越来越没有耐心。没有耐心是生活的大敌，因为生活中很多琐碎的事，都是非常需要耐心的。养育孩子、读书求学、创业经商，都需要努力做到事事洞明清澈。没有洞明清澈的人生境界，出问题是迟早的，凭运气可以顺风顺水一时，但是不能持续一辈子。浮躁的人永远找不到自己，最多是时间的玩偶而已。

事物深邃的内核可以滋养我们。世界很复杂，只凭肤浅的乐观简单地感知事物，不可能躲过时间与环境的吞噬。事物深邃的内核往往是一种规律，这种规律直指核心，一旦掌握了这种规律，你就可以与很多其他事物相连，达到彼此感应的效果，做事自然清顺。

静下心来吧，我们终究会面对很多严肃的问题，插科打诨抖机灵都是躲不过的，只有向事物深邃的内核进发，我们才能够看见更美的风景，融入更迷人的世界。

我们常有手无寸铁与世界搏斗的感觉

我们常常都有手无寸铁与世界搏斗的感觉，有时感觉生活把我们生吞活剥，有时又感觉生活还是挺美好。但愿我们能忘记不快，记住美好吧！没有谁的人生能够一帆风顺，每个人多多少少都会遇见坎坷，那些对于人生过于美好的幻想，越早丢掉越好，越是敢于直视生活残酷的一面，我们反而越能平和地去面对一切。

单纯固然美好，但是在现实面前太缺乏力量，没有人能够永远活在童话世界里，哪怕你条件再优渥，也有可能在不确定的人生中遭遇生活的暴击。清澈的心灵也需要深刻的智慧，没有深刻的智慧，不足以保护我们自己。很多岁月静好，不过是因为我们还没有到达需要直面生活的年龄，也就是说我们还没有真正品尝过生活的苦辣。人生需要深刻的智慧，那些轻俏轻佻在真正的困难面前毫无价值。

一个人越早认识到人生很多事，认识到只有自己才能帮助自己度过那些人生的关键时刻，便越发显得清醒。只有清醒，我们才不会轻狂，才不会过得糊里糊涂，那些把希望完全寄托在别人身上的人，迟早会感到失望。大多数时候生活像是麻醉剂一样，让人感觉不到危机，感觉不到时间的催逼，我们很容易麻痹大意，也没有人会提醒我们，因为别人也是处在麻痹中的，要么挥霍时光，要么沉迷于虚幻的自我催眠。那些有远见的人，往往都能非常敏锐地感知到表面平静的生活下涌动着暗流。

个体是渺小的，却要手无寸铁地与世界搏斗，所以有时会显得特别的艰难，很多人因此放弃自己，然后自己安慰一番，互相调侃一番，等而下之，走向潦倒。生活其实太容易催眠每一个人了，如果我们能够深刻地认识到人生无常，我们就能够深刻地认识到直面人生的价值，从而找到与生活和平相处之道。

谁能帮助谁呢？大部分人都活得小心翼翼，有的进退失当，有的得过且过，有的盲目自大。时间久了，当我们意识到荒废了很多光阴，被生活玩弄以后，我们已经没有勇气直面内心了，于是走向表演。不管我们表演得多么认真，都有疲惫的时候，越早品尝到生活的苦涩，我们的免疫力越高，也越有勇气去战斗。没有体会过孤独的人，不懂得爱的滋味，没有痛哭过的人，不能够明白赤手空拳的感觉。

所有的洞见都来自深刻，我们的很多失败，不是运气的问题，而是因为我们太幼稚，太肤浅了。生活从来不简单，生活里有陷阱，有深渊，一个不小心就容易跌落深渊。回望我们过去走过的时光，多多少少会感觉到当时的幼稚与愚蠢。谁都想活在童话的世界里，但现实中没有童话，更多的是短兵相接的战场。

越早认识到生活的本来面目，我们越容易走向从容，所有的幼稚都会付出代价，所有的肤浅都会崩溃于无声。保持深刻，保持清澈，我们才能在复杂的生活中跳起华丽的舞蹈。

去美好的地方

悄然而至的长假就像不期而遇的爱情一样，让人不知所措，只感觉自己还没有准备好。假期适合长游，一个人即使玩也要去美好的地方，比如博物馆、艺术馆、环境优雅的山水胜地。美好的地方可以滋养我们的灵魂，提升我们的品位。

美好的场所自有其能量与韵律，经常在过于喧嚣的地方活动，人会变得非常浮躁，甚至会影响一个人的气质乃至心性。中国古建筑非常讲究天人合一，讲究与大自然相融，是非常有道理的，庭院里有花有植物，春光冬雪像是美妙的音符一样在时光流转中不停地轮回跳跃，景色如画，住在这样的地方估计人也会变得清爽自在。年龄越大越喜欢去博物馆、美术馆、艺术馆，倒不是自己喜欢附庸风雅，而是每到这些地方，内心的确会渐渐平静下来。随着年龄的增加，我们的内心早已满是沧桑，内心的千沟万壑，需要用美来填满，需要用具有沉淀之美的艺术品来疗养我们的灵魂。艺术不仅能够给我们美的享受，也能让我们摆脱油腻。真正热爱艺术，艺术会滋养你。

每一个地方就是一个能量场，有些地方消耗我们的能量，有些地方滋养我们的能量。每个人都惧怕老去，只有真正拥有少年感才能够延缓衰老，而艺术就可以帮助我们延缓衰老，帮我们保持少年感。艺术之魂是自由的，是流动的，一个自由、流动、敞亮的灵魂会永远保持少年感。当我们在欣赏艺术时，我们的内心会与艺术建立深刻的连接，那些艺术品里美的涟漪会摇曳我们内心的疲倦，会抚平我们内心的皱纹。哪怕我们暂时不懂那些古老的画卷，那些沉默的文物，我们多凝视，也会感觉到一种蕴藉之美。

如果你是一个孩子的父母，那么就多带孩子到美术馆、博物馆看看吧。孩子的心灵最为敏感，也许你偶然带他去看的画展，会给他带来一次美好的相遇，一场人生的洗礼。未来的时代，我相信艺术鉴赏力非常重要，一个有艺术鉴赏力的人，人生不会显得过于单调。

我是到了二十几岁才第一次到博物馆参观，想想也是一种遗憾，唯一值得庆幸的是，我小时候与自然山水很亲近，这些自然山水滋养了我的灵魂。触手可及的月光，一步一景的花草，落日的余晖，袅袅的炊烟，早已注入了我的心灵，这些大自然美的元素散落在我的意识里，这些美的元素滋养了我的文字。我想倘若我很早被艺术品滋养，也许我对艺术的理解，对文学的理解，会更上一层楼。

大自然之美，艺术之美，如双翼，能够得其一，已经是幸运了。现代都市非常繁华，很多城市都有博物馆、美术馆，至于自然山水，那更是多了，这些都是平日里很常见的事物，只是我们很少真正去拥抱罢了。如果把现代人的生活，在一幅长长的画卷里展示，我们会看到大多数人的娱乐生活都沉迷在浮夸之中。不能说不好，但是有更好的东西，为什么我们不努力去接触一下呢？我也并不认为去博物馆、美术馆就一定很高级，而是觉得我们应该拓宽一下生活的维度，而不是陷入一隅，与其在人多的地方摇摆狂欢，倒不如尝试去安静的地方试试聆听花开的声音。

到美好的地方，就是让我们回归寂静，这寂静像是黄昏时的彩霞，拥有这寂静，我们的内心才会拥有色彩，才会更加有力量。沉迷于现象的人，永远无法实现质的超越，没有看透事物本质的能力，我们的生活纵然表面看着华丽多姿，内心深处的状态迟早会崩掉，会深夜痛哭。美好的地方就像美好的人一样，会给我们能量，但现实是我们很难遇见美好的人，即使遇见了也不一定能够认识到他的美好。很多美好的地方，也许就近在咫尺，但是我们从来没有尝试过去深入去了解它的恢宏壮丽。

有时生活的美好在一些细节中

有时生活的美好在一些细节中，比如开花的树、温柔的夜、微醺的酒、天边的云。不能发现以及欣赏生活细节之美的人，灵魂在逐渐老去，衰老的灵魂对很多美好的事物渐渐失去知觉，觉得习以为常，其实是自己的感知能力在退化。回忆一下我们小时候吧，看见花朵、霓虹、水里的鱼，我们会非常高兴，这种高兴是非常好的状态，只可惜后来我们渐渐失去了。

恢复对过往岁月细节的觉知，是一个人能够重返青春岁月的必由之路。那些沉潜于岁月里的感知，并没有彻底消失，只不过是进入了沉睡，你可以唤醒它们。一个人的衰老往往是从心灵开始的，心灵渐渐如枯萎的湖泊，再也不能映照万物之美了。随着年龄的增加，我们越来越关注宏观的东西，关注抽象的东西，关注现实层面的东西。这些固然应该关注，但是也不可过度，人生除了攻城略地，还需要闲看花开花落。

一个不能拥有闲看花开花落心境的人，是不能走向开阔与从容的，因为我们往往被眼前事物所挑拨、困扰。纵然我们天天处于云霞旁，也难得有时间去瞥一眼天边晚霞的。我们整个人的思维早已陷入现实泥潭，我们的感官更多是思维型的，而不是感受型的。生活中很多美好，都是存在于细节之中，冬天的夜雪、春天的繁花、爱人的笑语，都是充满了动人心魄的美。然而由于我们非常地繁忙，都忘记去感受这些美好了。我想纵使一个王者，驰骋天下，也有闲情观花赏月的。

顿足看流水远去，享受这份细节的美好，有时不仅是美学上的享受，也是心灵的放松，是智慧的萌芽。静能生慧，而生活中细节的美好，是我们进入静思状态很好的媒介。当我们看满天繁星，或者闻茶香时，心绪悠然婉转，渐渐摒弃世事喧嚣，心灵回到空灵状态，这空灵状态，有助于我们穿越世间表象，洞察事物本质。一个整天繁忙的人，是不可能有大突破的，繁忙的我们，好比是蒙眼狂奔的骏马，虽然一骑绝尘，但是我们奔跑到最后几乎忘记我们的初衷了。

看一个人的审美能力有没有退化，要看他面对大自然的万物之美，能不能够进入到享受美好的状态。生活大多数时候都是庸常的、琐屑的，如果不能欣赏生活的细节之美，我们就没有足够能量去抵抗生活的无聊。很多人凭借自己内心对未来的期许去对抗生活的无聊，但是这种期许是不容易持续的，因为对未来的期许，要么容易落空，要么需要很久的时间。耗时久远的等待，会让我们陷入执念、压抑，身心疲惫，如夜色里孤独奔跑于沙漠的骏马，弯月之下，骏马会疲倦，会歇斯底里地嘶吼。

也许每个人都有一个开花店的梦，哪怕拾看花茎花叶，也能让人水灵。人需要时不时地回到大自然里去感受植物的气息。在都市里打拼，也许能够让人机灵，让人增长见识，但是有时我们又会觉得这样的生活干巴巴，不够温润。而植物的气息就可以让我们心里渐渐敞开。人的水灵清澈更多地与其生活环境以及心境有关。

大自然的细节之美，犹如织锦上的花纹，当我们用智慧之线去编织时，美丽的画卷将显现。通过欣赏生活的细节之美，让我们心灵处于流动自如的状态。这流动自如的状态，除了空寂，还需有参照物，而美好的参照物往往会滋养我们，平衡我们，避免陷入冥想的迷思之中。

恢宏的宫殿是一砖一瓦筑起的，精致的雕栏是一刀一笔刻画出来的，奔流的大江大河也是由无数溪流汇聚而成。不要忽视细节，有时细节才是我们需要拨动的生命之弦，这生命之弦孕育着极致的美好。

优雅来自深刻的内涵

优雅来自深刻的内涵。这种深刻的内涵不是要多么有文化，而是对自我与周围世界有恰到好处的距离感与相融感。百花深处有日影月光，世事深处有人情冷暖，没有经历过人事的忧患风雨，是不可能走向深刻的，也是不可能做到优雅的。

优雅像是狂风暴雨后的山色空蒙，像是夜晚随风摇曳的花影，也像是苍穹深处的静谧星光。有些人越活越通透，越活越清澈优雅，而有些人越活越浑浊，越活越固执小气。其中除了人生际遇，也有自身与周遭世界关系的缘故。我们与世界最佳的关系既不是黏合在一起，也不是遥遥相拒，而是要保持与世界恰到好处的距离感与相融感。

没有距离感，我们就容易被世界淹没迷失自我；没有相融感，我们就容易漂浮成没有根底的枯木。距离感与相融感看似矛盾，实则一体两面，没有距离感，就不能时时跳出自己的眼界看世界，也就不能整体把握世界，不能整体把握世界，我们很难做到融合世界。我们做不到敢于偶尔抽离世界，就无法对抗洪流般的浮躁。

整日忙于宴饮之乐，容易堕入空虚，自我容易渐渐消失掉，也容易失去体会静谧时光的能力。心灵感知的退化首先是从我们被世界表象所淹没开始的，我们被表象包围，我们的智慧和内心真正的需求容易被浮华所蒙蔽。但是一个从不社交，一个从不豪兴把酒言欢的人，也容易陷入单调无趣之中。

繁华是美的，也是好的，与繁华相融，也是与世界相融。距离感让我们内心保持独立清醒，相融感让我们充满活力。那些活出优雅的人，既能酣畅淋漓纵情繁华，也能深夜倚楼看茫茫大雪。能够把这两者做到兼容的人，现实中真的很少，要么是被浮华包围，烟火气都要毁灭心灵了，要么是卓然独立，被孤独燃烧。前者容易感到空虚，后者容易失去生之激情，两者结合方为最佳。

深刻的内涵往往来自人生这本大书，没有经历过迷茫，没有经历过被辜负，没有经历过冷眼，如何能够做到对人性幽微的洞悉呢？青春不一定优雅，有时显得毛躁，显得急功近利。少年人本应如阳光一样，炽热充满能量，但是有时却会陷入自我束缚之中，欲望太盛，容易如飞蛾扑火般自我毁灭。

优雅意味着懂分寸，意味着扛得住，意味着知边界。懂分寸是明白人世如高山大海，唯有谦虚与勇猛，才能进退有余，避免被高山大海吞没；扛得住是明白人终究是孤独的，唯有让自己强大才能够避免被别人玩弄；知边界是明白人与人的界限，明白亲疏随时在流转变动，内心要明白关系的渐变。当我们看尽千帆之后，才能够做到自如看云起云落，花开花谢。

没有深刻的内涵，我们无法对抗若隐若现的孤独；没有深刻的内涵，我们无法从容应对人生的起起伏伏。没有人一生都是平顺的，深刻的内涵是自我内心强大的硬核，很多时候，人生的问题，除了自己，其他任何人都帮不了你。没有深刻的内涵，我们就不能建立起洞察事物本质的能力，我们的单纯会被看作幼稚甚至被暗中放冷箭，我们的善良会被利用，我们无法与幽暗对抗。

唯有深刻的内涵能赋予我们真正的力量，深刻的内涵来自读书，来自人生的实践，来自内心静然时的妙悟。拥有深刻的内涵能让我们击溃无聊，躲避暗伤，远离浮躁，开启人生的激情之旅，成为驾驭时间的高手。

过分追求掌控感会封闭生命的能量

过分追求掌控感会封闭生命的能量，而且也会让我们走进完美主义的泥潭。有时大胆恣意而活，反而会觅得一番境界。很多人追求掌控感，其实是惧怕生命内在之流的奔腾不息。能雅能俗，能闻雅歌而起舞，方能体验生命之壮阔。

生命之流在岁月中流淌，需要一个合适的通道，通道畅通无阻，那么我们生命的力量自然能够行于无碍；但如果通道渐渐变得阻塞，生命之流会渐渐由波澜壮阔变成蜿蜒细流，甚至被中断。每个人最初的生命之流都是非常壮阔的，但是随着年龄的增加，很多人的生命之流都渐渐变得如枯水一般，了无声息了。很大的原因是我们渐渐学会了控制，学会了掌控。

过分地追求掌控感会让我们止步不前，变得畏畏缩缩，不敢有新的突破，不敢带着自我的局限去迎接新的挑战。我们容忍不了自己出错，容忍不了生活中的突变，开始惧怕变化。其实越是惧怕，越不能让生活走向更加明媚的前程；越是小心谨慎，越容易走得踉踉跄跄，越容易摔倒。有时大胆而活，反而会活得更加精彩。

越封闭生命的能量，越容易封闭自我，丢掉真实的自己。

真实有时的确会让人吃苦，因为大多数人都不愿意面对真实。我们为了让别人高兴，甚至不惜以低姿态讨好，这是一种生存策略，但对心灵却是一种残忍的伤害。面对别人无须讨好，只要发自内心的欣赏，倘若厌恶，我们可以容忍，但是千万不要努力迎合自己厌恶的人，心灵会起反感的，这种努力迎合，时间长了会扭曲人的灵魂。真实不是只想着针对别人锋芒，而是努力投射自己真实的形象、真实的个性。只有这样，我们的心灵才会舒张，我们的才华才会喷薄而出。

毕加索说，只有用心灵才能看透事物的本质。这是艺术的法门，也是生命潜流波澜壮阔的源泉。好的艺术必须注入心灵的力量，所以越自由的心灵越容易创作出卓越的艺术作品。毕加索能够深入心灵，才能把漂浮的情绪以及心灵的洪流画出来。不仅艺术如此，生活也一样，越真实，我们越容易活得快乐。诚然，由于我们在社会中扮演很多角色，有时在与别人的接触中，不可避免地会隐藏自我。但我们仅仅隐藏就够了，而不可压抑乃至消灭真实的自我。

心灵越不真实的人，在世界面前投射的样子，越容易变得可怕。其人没有一种舒张之感，整个人是飘的，如鬼魅之影。真实可以让我们生命之流迸发出内在的激情，就像小孩子一听见音乐就可以起舞一样，生命的激情之流越是奔腾不息，生命就越可能抵达远方。过分地追求掌控感，不仅会丢失清澈的心灵，丧失真实，也会错失掉美丽的人生之虹。

万物之所以和谐有序，在于其本身都按照自己生命内在的脉动流露生发。掌控不会带来安全感，只会让我们变成一座看似安全静谧的古老城堡，但只要稍有烽烟，就会瞬间坍塌。不要封闭生命的能量，不要惧怕看见真实的自我，当遵循本心而行，我们会变得更好。

成长就是不断破碎不断重建

成长就是一个不断破碎不断重建的过程，真正的勇敢往往看似怯懦，真正的情深往往看似无情，真正的潇洒往往是极度的自律。那时年少，年华虽然美好，但是我们多多少少都显得幼稚，并且还把这种幼稚当作是个性，当作理所当然。我常常缅怀年少时光，但是我从不缅怀过去的自以为是，就像我追忆似水年华，但我从不说所有的过往都是值得追忆的。因为那过去的岁月，也有荒唐，也有伤害，也有辜负，也有无边无际的幽深之谷。

没有破碎就没有重建，我们经常抱怨各种主客观环境，但是在抱怨的同时，何不在主客观环境下，将自己打碎呢？我们会遇见各种各样的人生挑战，这些挑战虽然有时让人感到压力很大，感到茫然，但这也是给我们新生的机会。有时成长就在于一刹那的明悟，一刹那的回眸。虽然在主客观碰撞下，人会感到不舒服，但是这些正是重建的开始。每个人多多少少都有不好的习气，都有限于一隅的固执，都有来自家庭的影响。这个世界上没有完美的个人，只有不断自我构建的人。自我破碎也许会感到痛苦，但是相比于在生活中撞得头破血流，自我破碎那点痛苦又算什么呢？自我破碎不是自我无情的剖白，而是更加深刻地了解自己。认识自己，是我们一生的功课。

没有重建就没有崭新的生命。随着年龄的增加，我们会感到时光如梭，这是因为我们过得太单一了，我们总在重复过去的自我，所以时间过得没有质感。我始终相信，不管你多少岁，都可以重新开始构建生命，而且我也坚持认为每个生命个体都有其能量。

我们纵然甚为平凡，但是就生命个体来说，我们每个人都是独一无二的，而且我们的生命质量是永远可以挖掘的。肉身的衰老并不必然带来生命质量的下降，有时灵魂的苏醒恰恰是在中年以后，等到我们经历了人事之后，才渐渐明白什么是自己不喜欢的、什么是自己能够把握的。所以不要因为你年龄大了，就惧怕重构生命，拿出勇气，活出自己的节奏。

在我们自我破碎、自我重建时，要敢于坚持真实地面对自己而不被别人所左右。在内心深处要想到，此生只有一次，这种发自内心的觉醒，可以带来无穷的能量。有时我们的懵懂，在于我们并没有深刻地明白：我们此生是多么独特，我们自己是多么独特。我们因很多外界的评价而迷失自我，否定自我，这显然是片面的。社会的评价标准固然重要，但是这些标准必须植根于对自我的认可之上。哪怕你独自在旷野里跳舞，只要自己觉得跳舞能够给你带来快乐，那么就大胆地跳舞吧。自我的舒张来自本我的肆意挥洒，一个压抑太久的人，不仅衰老得快，而且容易走向颓败。

成长的不断破碎，不仅是指自我破碎，也指要斩断周遭很多奇奇怪怪的妄念。没有斩断就必然有所牵引，很多环境的惯性像是淤泥一样，让我们陷入其中而不可自拔，斩断这些有时需要一股蛮力。在斩断这些旧有习惯或者环境时，我们难免会感到痛苦，但是我们的生命只有一次，我们需要对自己负责，所以这种斩断看似无情其实深情。

辑 三

感时间

拥抱当下，才不困于当下

我们很容易被当下缠缚，其实多少年后回眸，当时的很多感受都逐渐飘散了。所有细微的感受都如风行水上，当时有涟漪，后来就渐趋平静。面对当下，只有拥抱、直面，我们才不会被其所困。

每个人的成长都会面对失望、焦虑，乃至痛苦。这糟糕的情绪像是蔓延的蜘蛛网将我们渐渐包裹，让我们动弹不得，于是我们选择逃避，或者选择自我颓废陷溺。其实逃避是没有用的，事情来了，不解决，不去面对，那么就算目前这个事情被时间冲淡了，但是它有可能会随着时间重来。人生很多事情其实都是在重复我们犯过的错误，没有从根本上认识到造成这些错误的源头，我们最后只会逃无可逃，甚至会演化成一种自欺，颓废陷溺，让本来就糟糕的事情陷入更加无法挽救的地步。

与其对抗情绪，不如深情拥抱情绪，就像一个人倚楼倦听潺潺流水，让焦虑失望痛苦都化成流水在全身流淌，让身心和这些糟糕的情绪对话，这些糟糕的情绪就会渐渐平缓、渐渐平静下来。越是灰暗的时光，一个人越容易陷入自我否定、自我怀疑之中，会极度地悲观，理智被情绪淹没。由于选择与情绪对抗，那么情绪就会对我们产生更大的作用力、反弹力，我们就越容易被情绪缠绕和束缚，然后走向难以解开的循环之中。

很多人面对人生的困苦时，往往会陷入负面情绪的循环中，脑子里全是消极的想法，其实这些想法都只是自己的夸张而已。但是由于大多数人很难拥有足够的理智去面对情绪，所以在情绪的支配下，整个人特别容易瓦解，甚至崩溃，仿佛这情绪挥之不去了。其实仔细想想，当下的情绪都是很短暂的，尤其是与一个人的整个人生比起来，真的不算什么。

不管是幸福还是悲伤，只有当下才是永恒的，是可以感知的。不管我们多少岁，回望我们以前走过的路，体验过的各种情绪，最后都会变得轻如微风。我们甚至会怀疑它们的真实性，一切都恍然如梦。我们的人生就好像是一连串的瞬息，那些远去的时光，在当时即使再辉煌与刻骨，当我们回眸时，都会觉得它轻如鸿毛。所以，深情地拥抱当下，是我们抵达永恒之境的通道，很多人总是遥想未来，其实未来都是虚幻的，没有人能预知未来；而且未来也是由现在组成的，我们没有好好地把握现在，我们的未来也会只是重复现在的单调而已。

当下的感受是非常重要的，是人生宝贵的闪烁着火花的独特的体验，但是我们往往会忽略当下，活在幻想之中。有太多人对当下不满意，于是活在自我构建的虚幻之中，仿佛要等到有了什么好的结果后，才能放松，才能好好生活似的。其实无论将来如何，现在都是一份独特的体验，当我们认真对待这份独特的体验，对这些体验有了深刻的感知后，即使是痛苦的、迷茫的情绪，也会滋养我们的灵魂。

一个人的深度往往来自独特的体验。活在虚幻中的人，虽然能够凭借对虚幻的想象而缓和当下内心的冲突，但是这不能持久，因为真实的世界不可能凭你的意志而运转。幻觉不是希望，希望是根据事实建立而来；没有事实的希望只是幻想，这幻想迟早会被现实击穿。

每个人的内心都有如蜜一样的柔软

每个人的内心都有如蜜一样的柔软，只是随着成长，能够享受他柔情蜜意的人越来越少。因为他也曾受伤，也曾经历沧桑，他的柔情也会被损耗，渐渐地他就觉得他的柔情只能对特定的人开放。虽然柔情只能够给特定的人，但是这份柔情的质地却也越发好了，越发纯了，像是时光与智慧的结晶，透亮又柔软，恰到好处又润物细无声。

人生不可避免地会遭遇波折，长大其实也是一个越来越接近真实的过程，真实必然意味着有让人失望以及不适的地方。少年时人人都是诗人，出口成章，仿佛有很多感情要抒发，有太多的时间可以挥霍。我们浸泡在时光里，就像是一叶扁舟漂浮在蜿蜒的江水里，蓦然回首，却发现已过万重山。我们轻狂，我们得意忘形，我们大声喊着："这就是青春！"

其实青春不仅仅有美好，也有陷阱，在最需要智慧的年龄，我们却没有足够的智慧去从容地面对困境。青春最难做的就是恰到好处，我们总是用力过猛。在青春里太用力，也许会失去情感的美好；但是如果只是在浪漫的爱情里豪掷时光，我们又渐渐走向荒废。谁的青春到最后没有遗憾呢？最美好的年华里，我们很难分辨这个世界的真假，浮华。

青春仿佛总有说不完的话、做不完的梦，有纵横四海的豪情。但是有一天突然发现，在这些略显夸张的姿态里，我们越来越漂浮，越来越害怕孤单。按理说，青春如果真的过得饱满，是不会怕孤单的，因为你内心有梦，心里有爱。心里有爱与有梦的人，往往不会害怕孤独，甚至不会孤独，哪怕在陌生的城市里一个人打拼，也不会感到孤独。

但是我们却如此惧怕孤独，也许我们青春时并没有在梦想与爱里提炼出纯粹的硬核，植入我们的灵魂。我们也许恋爱过，也许为梦想喊过口号，但是这些美好的词语，也许并没有注入我们的生命内核。青春是美好的，但是青春又在无声中教训着我们。沧海桑田，当我们渐渐意识到青春飘散，我们也许会有一种静悄悄的崩溃之感。就像是喷发的火山，红色的岩浆，突然凝固冷却，天上地下，如一片荒原。

幸福就是内心恬静如蜜。恬静如蜜，并不是寂然不动，而是生命的状态顺其自然、舒卷自如，不辗转于妄念，不荒废于时光，不退缩于人事。很多人的寂然不动，其实是一种自我的封闭，自我的摧残，自我的设防。所谓空灵的境界，并不是如泡沫一样浮于空中，而是如夜里的琴弦一样，一旦挑动，音质浑厚纯粹，可以穿越苍穹。当我们经历了伤痛以后，不应关闭心扉，而是应该有孤勇。孤勇如黑夜里的深雪，虽然寂静无声，但是气场强大，内核涌动着活力。有时我们需要孤勇，才能柳暗花明；有时我们需要带着伤口前行，才能愈合；有时我们需要整合破碎的信念，才能渐渐身心合一。

每个人的内心都有如蜜一样的柔软。只是当青春不再，当我们在生活中经历了很多让心灵疼痛、破碎的事情以后，我们渐渐收起来了如蜜一样的心灵。这样也好，可以保护我们自己内心最珍贵的东西。而珍贵的东西，往往是稀少的。内心深处有如蜜一样的柔软，可以帮我们度过生活的苦涩，度过只有自己才懂的孤独，度过那些静悄悄的哭泣。

内心的跃动是活力的体现，而不是苦涩的根源，我们将内心的跃动延伸到现实，必然会遇到曲折，但这也是通向生命之光的必由之路。心灵如蜜，质地柔软，如糖果、如植物，这样的心灵会统摄一个人的身心，走向湛然自如。岁月给我们最大的考验，不是肉体衰老，而是心灵的折磨。没有得到生活足够养分的人，不可能做到心灵如蜜，就像是蜜蜂，没有翻山越岭，不可能采到好的蜂蜜。

我们穿梭于时光之中，时间分分秒秒像是雪花一样，不停地飘落于你我之身，你我越来越臃肿，感觉快要被大雪包裹埋葬似的。愿我们的心灵能够闪烁火花，融化冰雪，在雪山深处盛开，内心深处始终保留一丝柔软。

温柔是恰到好处的理解

温柔是恰到好处的理解，没有深深的理解就谈不上真正的温柔，哪怕轻言细语，也许只不过是礼貌性的敷衍罢了。温柔甚至也不是素养，而是来自灵魂深处的共情，没有共情能力就谈不上温柔。大声呵斥也有可能是温柔，平静从容也有可能是冷漠。

温柔是一种渗透能力，而不是一种天生的禀赋。也许有人性子慢，说话不急，遇事宠辱不惊，但也不代表着他温柔。只能说他脾气好，素养好。没有对别人的理解，远远谈不上温柔。我们经常会在生活中遇见这种情况：比如你和一个人谈话，对方也是在聆听，也是在静静等待你把话说完，但是对方却并不能理解你说的话，不能进入到你说话的场景之中。

诚然，这个世界上，少有完全的感同身受，但是温柔能力高的人，是可以尽量把人与人之间的界限消除，深入到对方的处境与思想中，悲对方之所悲，感对方之所感。越温柔的人，越是能够和世界对话的人，偏执的人不可能温柔，自我封闭的人不可能温柔，只有自我的人也不可能温柔。温柔甚至和脾气好坏都没有直接关系，你也许是火暴脾气，但是你做的事说的话，最终却指向了温柔，只因为你对别人有深深的理解，你能周到地想别人之所想。温柔不是虚伪的迎合，也不是激情澎湃的呐喊，而是悄无声息的理解、设身处地的做事。

没有被世界伤过的人，其温柔也是容易缺乏深度的。有人也许家境很好，在爱的环境里长大，心灵如天使一样，但是倘若没有理解别人的能力，也谈不上温柔。他的温柔只是如阳光一样，普照任何人，而不能深入到每个具体的人。

每个人都是独特的，每个人的境遇与焦虑都是不同的。被世界伤害过，被生活烦恼过，我们温柔的能力会加倍地提升，我们会摆脱幼稚，摆脱轻狂，摆脱傲慢，从而能够更加深入地理解别人。当然，有些人被世界伤害后，会变得犀利偏执。一般来说，有故事的人，容易变得温柔。我们可以看看那些老人，大多都会变得比年轻时慈祥和善，也更加温柔。他们在岁月之中尝遍了酸甜苦辣、人情冷暖，所以更容易理解人。

温柔不是没有锋芒，温柔如水，水滴石穿。既然温柔是深深的理解，那么我们也能理解一个人之所以变成现在的缘由了。一个人的现在其实就是由过往绵延而来，当我们深深地理解一个人时，既会想给他拥抱，也会想当头棒喝，哀其不幸怒其不争。我们既能够理解他的痛苦，我们又能知道他所有的痛苦也有他自己的原因。所以当头棒喝也是温柔，反而那些虚情假意的关怀，不痛不痒的安慰，都不是温柔。甚至别有用心的人，将你的不良恶习加以吹捧，让本在悬崖边的你，越发滑向深渊。

每个人都渴望温柔，都渴望理解，但是何其不易。倘若你是幸运的，遇见了温柔的人，或者你本身是温柔的，那么真的应该感到幸福。这个世界到处都是伤痕累累的人，人性的不可超越性，导致大部分人最终很难把温柔的一面扩大。他们也许对自己的亲人、爱人温柔，但是对陌生人，不说温柔，连一丝微笑都难给予。更不要说在充满明枪暗箭的生活中，很多人早已变得油腻伪善，心狠手辣。所以这时候的温柔更显可贵，它是对人性的超越，是对自我发起的一场史诗般的锤炼。

给自己构建一个隐秘的世界

沉迷于自己的世界也挺好，在自己的世界里，即使喧嚣也不会淹没自我，而外面的世界经常让我们感到渺小，感到自我的消失。所以给自己构建一个隐秘的世界吧，这个世界里的天空云彩花木都有我们的气息。

小时候的天空是温柔的，世界是没有锋芒的，苍穹是瑰丽的，但是随着我们年龄越来越大，看天空的感觉越来越像是质地坚硬的蓝色玻璃，而世界也时有锋芒，就连那遥远的苍穹也让人迷惘。小时候我们很容易在自己所喜欢的事物上倾注情思，但是成年后，我们却失去了这种能力。每个人感觉都过得充实，但是又感觉时光飞逝，仿佛一切都如梦幻，时间缥缈若尘埃，我们早已沦陷于外面的世界了。

外面的世界时常会和我们发生抵触，因为任何事物都自有其轨迹，自有其脾性，不可能事事都如我们所愿，听从我们调遣安排。有些人说成长就是逐渐发现自己不是外界的中心的过程，所以我们需要给自己构建一个内心世界，在这个内心世界里，我们可以让自己保持那么一点点童年的天真，保持一点点自我沉溺的静谧。

过多地关注外部世界，我们会被外界拖入泥潭之中，外界犹如幻象，太过执着，我们会失去很多，甚至会让我们浪费太多的可贵光阴。外界会给我们力量，也会消耗分散我们的力量；外界滋养我们，也会毁灭我们。一个过分关注外界的人，最终会沦为外界的影子，被外界事物淹没吞噬。想想你在漫长岁月里发生的事情吧，当你回眸，能够记住的往往是那些进入到你内心的事物、情感，而那些外界的东西，不管当时多么环绕于你，最后都渐渐归于无声无息。

给自己构建一个隐秘的内心世界，沉迷于自己的世界，会感到一种从未有过的宁静与轻盈，这个世界里的苍穹辽阔而又静美。每个人都应该有自己的世界，悄悄地沉迷于自己的世界，就像戴着耳麦听歌，在自己的世界里享受万物的韵律。

沉迷于自己世界的人，往往能够抵抗时间的易逝。那些感到时间易逝的人，往往是没有构建起自己世界的人，在自己的世界里，时间是停止的，宇宙是美妙的。一个画家沉迷于绘画，一个音乐家沉迷于音乐，一个匠人沉迷于创造作品，这种沉迷会让人感到心中充满喜悦。现在人会特别容易感到无聊，其实这种无聊是因为自己找不到自己心灵的家园，自己如飘于沧海的浮木，不知道人生应该归于何处。

一个沉迷于自己世界的人，容易把事情做成功。外界有太多的诱惑，有太多的五光十色，我们稍微心性不强，就会被外界弄得内心不够宁静。一个内心不够宁静的人是很难专注于做事的，外界会把我们切割成碎片，然后我们就渐渐把自我最独特的东西弄丢了。

我很喜欢在雨夜，在有月亮的夜晚，听雨听音乐，这个感觉就是沉迷于自己世界的感觉。当我们沉迷于自己的世界时，就像骑着一匹骏马，驰骋在自己辽阔的心灵草原之上。这片草原，草木丰美，夕阳如金，而我们像拥有了翅膀，在自己的世界里自由飞翔。

在时间的断壁残垣上构建恢宏的宫殿

时间在塑造我们，我们也在塑造时间，我们在时间的断壁残垣上构建恢宏的宫殿。雕栏玉砌，清镜朱颜，房檐云端都有时间在流淌。人生的重与轻、时间的快与慢、事物的真与假、世界的表象与实相，到了一定年龄，我们或多或少，都会与之触碰。只有直面这些，我们才能摒弃贫乏的内在，欣赏到更美的风景，让生活更加轻盈。

直视内心，有时会让人感到恐惧，但是如果一个人连直视内心的勇气都没有，是不可能活出自我的，也不会获得成长。内心的欲望、纠结、伤痛，其实都很正常，让其自由流动，郁积的黑暗被感知进而自由流淌，我们将更加明媚与阳光。很多人活在幻觉中，但是幻觉总会破灭，在幻觉破灭处，在时间的断壁残垣上，我们需要有勇气去构建自己的人生。

直面时间的幻灭，开启野蛮生长之路，只有这样我们才能修复破碎的时间，才能斩断我们以前的幼稚和轻浮。野蛮生长何其难矣，需要足够的阳光与勇气。野蛮生长是洒脱，是反叛，必然会与世界发生激烈的碰撞，只有在抗拒世界的锋芒时，我们才能完成对自我的构建与挖掘。

每个人内心都需要有一片自己的星空，有些感受、情绪即使再亲密的人都无法感同身受。拥有了自己的星空，我们就可以在星光下静静地释放我们的情绪，像是春蚕吐丝一样，情绪的释放能够让我们感受到星光的温柔。纵然生活滚烫，在自己的星空待一会儿，也会变得平静。内心没有星空，就无法构建恢宏的宫殿；没有勇气仰望天空的人，也不能脚踏大地，一步一个脚印地为宫殿添砖加瓦。

我们习惯了海市蜃楼，身心早已异化漂浮，把月影当作皓月，把花影当作真花，我们乐此不疲，自我欺骗。大道理讲得再多，都不如实实在在地在生活里翻滚，巧言令色在硬碰硬的生活里实在不堪一击。那些生活中的万千情绪，人情世故，命运起伏都是帮助我们去理解生活的。我们一生要做的就是超越自我与回归自我。

每个人多多少少都会受到生活的暴击，都会在暗夜独自哭泣。每个人的一生都是史诗，生活时时兵临城下，烽烟四起。有时超越自我意味着反叛，回归自我意味着在生命破碎后重建，那时的断壁残垣终将化为我们振翅飞翔的羽翼。

少年感不是以年龄而论

少年感从来都不是以年龄而论，而是以心态而论。你看有些五六十岁的人，依旧风度翩翩，充满活力，对世界保持着好奇心，像是追风的少年。而有些二十岁的人，却放弃了对美好的追逐，对自我提升的追逐，日复一日，在自己的人生还没有真正展开时，就已经丧失了豪气。

人生有太多的峰回路转，时而让你堕入深渊，时而又让你站在新的高点，一切皆有可能，就看你怎样保持平和而又充满激情的心性了。有时我们纵然知道人生最后的结果，但是在过程中，我们依然可以活出别样的色彩，生活是具体的，而不是抽象的推演，一件件具体的小事也能够给我们带来美好的体验，这些美好的体验如清晨的露珠滋养我们的心灵，从而渐渐改变我们的心境，心境变好了，人生的轨迹也可能随之改变。

凡事是没有绝对的，哪怕是冰冷的黑夜，偶尔也会有美妙的大雪以及亮彻苍穹的流星。保护好心灵的状态，关乎我们生活轨迹的变化，心灵会投射能量到我们人生之中。一个充满抱怨的人，不可能驾驭滚烫的人生，没有谁的人生是容易的，不同的是每一个人面对生活的逼迫时，所表现出来的状态迥异。

有些人面对生活的锋芒，拔剑而起，有些人选择放弃抵抗。拔剑而起，貌似艰辛且冒险，但姿态是阳光向上的，这种阳光与向上，会引导人走向胜利，唯有阳光的心性才能穿透充满裂痕的人生。

所有的岁月都是最美好的年华，有太多人患有年龄焦虑症，有些人甚至极为严重。年龄是自然现象，没有任何人可以抵抗自然。有些人的年龄焦虑是因为看着自己一事无成，内心浮泛起自我否定的意识；有些人年龄焦虑是因为痛惜青春渐渐凋零。几乎没有人是一事无成的，一个人能够来到这个世界上，已经算是奇迹了，每个人都得到过爱的滋养，每个人都享受过大自然之美，至于内心有着更大的壮志未酬的，慢慢熬吧，哪怕最后没有现实梦想，也算不辜负年华了。

过于焦虑反而会影响我们的发挥，焦虑在本质上是对现状的否定。如果我们永远处在焦虑中，我们是没有完全融入此刻的，轻微的焦虑也许还有点好处，但是焦虑过重，我们就需要重新审视我们心灵了。焦虑的人不可能保持少年感，少年感是一种清澈感，一种对未知的好奇与对生活的勇敢。能够达到完全没有焦虑的人很少，因为生活是火辣的，我们需要努力调整自己的状态，焦虑是没有任何好处的，除了让我们紧张，陷入自我怀疑之中，一无是处。

时间是不可逆的，人生也是如此，每一个当下都是瞬息的，也是抵达永恒的。我们都活在瞬息与永恒的交错之中，但是我们很多人的心灵都是在世界的表象中摇摆。世界的表象犹如万千蝴蝶，非常美丽，我们需要与其共舞，但是我们也要沉下心来，想想自己的本质。自我意识的觉醒，是我们展开波澜壮阔人生的开始，表象与本质缺一不可。

时间虽然在我们生命中不断流逝，但是它所展现的状态是不同的：它有可能是变形的，有可能是处于虚无的，有可能是明媚的，有可能是压缩的，有可能是膨胀的……这些都与个人对待时间的态度有关。在与时间的互动中，我们也许有了一个沧桑的灵魂，但眼里依然可以有清澈的目光。那绵延千里的清澈溪流，其源头也许是浑浊的，但是奔流万水千山后，越来越清澈，渐渐有了气象，烟波浩渺，仪态万千。

此刻的平淡时光连接着一切可能

面对当下，不管此刻是在经历悲伤还是经历欢乐，我都知道此刻将一去不复返，当下看似平淡，却也许会把我们推向更多的可能性。我们的精神时时都在告别，我们的肉体时时都在走向衰老，专注于此刻，哪怕什么事都不做，静静地感受此刻，感受此刻的时光，感受此刻的天光云影，也是美好的。总是陷入过去未来之中，会消耗我们太多的心神，所谓重生定然是从此刻开始的，此刻连接着一切可能。

想想我们从出生到死亡不过是百年而已，再痛苦的事终将消失，再欢乐的事也终将过去，那些痛苦与欢乐都是当下的感受最为强烈。随着时间的流逝，当时的痛苦与欢乐，都会逐渐趋缓，直到完全消散。如果我们此刻正在遭受人生的痛苦，那么需要明白，这一切都会渐渐减轻，有了这样的思维，我们就会有勇气去面对痛苦了，当下是永恒的，是真实的，痛苦之于我，也是一种感受，虽然不够美好，但它却触及灵魂，有时人生的觉醒就来自灵魂痛苦时。

越是逃避痛苦，我们越容易被痛苦困住。只要挺住就意味着所有当时的情绪与感受就有可能改变，甚至必然会改变。倘若我们此刻正在享受欢乐，那么我们就该明白当下是永恒的、是不可逆的，我们就更应该以生之激情享受当下，用生命的火焰去燃烧当下，去燃烧自己的苍穹。当下的快乐很快会离我们远去，即使遇见相同的快乐，但是所有当下的细微感受也是不相同的，此刻的快乐是人生中最为真实的，此刻是最诗意的境界，是最美好的时刻，我们的全身，我们的灵魂，要在此刻起舞，将心注入。此刻的日月星辰，此刻的鸟语花香，都在向我们涌来，我们要完全沉湎于此刻的快乐。

有些人没有直面当下的勇气，其心神一直是漂浮的。然而所有的改变，只能从当下开始，此刻连接一切可能。无数的此刻，犹如天上的星辰一样，如我们能够凝神静观当下，静观星辰，我们会发现内心也有浩瀚的苍穹。只有让心灵在当下敞开，我们才能让万物流淌起来，我们才能感受到世间万物的真实，一切万物的变化都是从当下展开的，关注当下，即是我们站在了事物流转变化的源头。也许当下我们过着平淡的生活，但是只要把手中事做好，在茫茫时间之中自己有所坚持，我们的人生终将迎来更多美好的事物。

人生有限，当下永恒，每每想到此，内心都会悲欣交集，悲人生终将散场，欣此刻如此美好独特。此刻的阳光，此刻的溪流，此刻的暖风，这一切的一切，包括我自身，都在此刻变得如此美妙，都是绝对的存在。能够认识到当下永恒，我们会更加珍惜当下，我们会以更加柔和的心境去面对人生的忧欢。

一切改变都是起源于当下的，此刻连接着一切可能，哪怕此刻身陷痛苦与孤独，倘若能够勇敢去改变，我们都有可能突破人生的困境。如果不能够专注于当下，不能够凝视到当下的深邃之处，我们终将会越来越无力。深情地活在此刻，活在当下，是我们走向宁静的必由之路，所有的幻想，要么让我们陷溺，要么让我们浮躁，只有此刻才能够涌现力量对抗我们那漂浮不定的思绪。

三十而立，踏月而舞

人一到三十岁，内心都会产生一种紧迫感乃至使命感，想要有所立，或立于社会，或立于事业，或立于家庭，这种强烈的情绪在以前的岁月里几乎从未有过。以前的岁月活得都是临水观山，身临其境，从未有过对内心的观照，日色山影，时间过得慢。然而到了三十岁，时间浩然奔流之感顿生。我们时有所思，生活不免有点沉重，责任来了，担子来了，但纵然如此，我们也应该随着人生旋律踏月而舞，努力深入时光，构建自己。

周围临近三十岁的朋友，总是偶有焦虑感，对这个年龄有种惊慌，或反思以前过得太轻松随意，或困于周围环境而郁郁，或见眼角横生皱纹而暗自哭泣。有的人三十岁前已有布局，虽小有成就，但是日子也过得摇摇晃晃，难做到自处清雅。过日子，需要的更多是智慧，而不是简单的财富叠加或者自我安慰式的充实。至于三十岁前本就把岁月过得闲适有余、努力不足的，就像是在沙滩上晒太阳的海龟，三十来临，潮汐不期而至，有种惊怖，内心会有自责，在沙滩躺得太久，差点忘记怎么行走了。到了三十岁，人们开始对时间有了一种更深沉的感觉，开始对时间坦诚。

很多人都说以前从未有想过时间，时间之于从前的自己，更多是一种概念，一种了无痕的存在。到了三十岁，突然感觉到时间真实的存在，它会逼视你，会在你意识深处浮起。你会感叹于时间不舍昼夜地流逝，也会感叹：自己以前怎么对时间没有感觉呢？以前的生活真是如梦，哪里都有色彩，哪里都有好友，而今很多人与事，都已渺然不知所往。三十岁了，人越来越孤独了，虽然也有好友，但是每个人内心深处都有自己的城堡，别人走不进去，自己走不出来，想再认识几个能够彼此交心的朋友，却比年少时难太多了。

人在三十岁后会渐渐走向孤独，但是这种孤独，并非哲学家或艺术家的那种孤独，这种孤独是个体意识的觉醒，开始懂得去担当一些事了，挥别昨日之疏狂。年龄越大，越感觉时间倏忽而逝，时间像是一匹骏马，一骑绝尘，快如闪电，还没来得及反应，时间早如轻舟已过了万重山。时间啊时间，你可曾凝视过漂浮于你之上的人呢？好多人因为你陷入了焦虑，好多人因为你陷入彷徨无际，英雄白发、美人迟暮都是因为有你！我想在时间的深渊里问问时间：我们该如何和你打交道？

在时间的深渊里，我看见了空虚，也看见了生命的意义；我看见了衰朽，也看见了生机；我看见了荒寒，也看见了繁华；我看见了孤独，也看见了热闹。一切凝重的、轻盈的、缥缈的现象都在时间里翩跹，时间从来不语，但是随着岁月的增长，时间碾过的声响越来越大，有时震耳欲聋。过去的岁月像是遥远的绝响，仿佛没有存在过一样，过去岁月里的幸福犹如光影，随着时间流逝渐渐黯淡，而过去岁月里的悲伤，有时却如怪兽一样仍在吞噬心灵。

时间让每个人内心都有隐痛，幸福变得很淡，悲伤却凝重如墨。时间啊时间，你可否让欢喜与悲伤统统销毁于无形，让我们重返婴孩初生时的清澈与纯真？你可否在我们受伤时变得快一点，在我们幸福欢乐时变得慢一点？你可否不要在我们年少时潜沉于无声，让我们能够更容易感知到你的存在？你可否在我们荒唐时，多些包容，而不是锋芒毕露？时间啊时间，你太深沉了，你像是遥远的古老神殿里的钟声，当我们聆听到钟声时，已然悔之晚矣。

三十岁，我们经常觉得人生怅然若失，会不自觉地思考自己缺少什么，但却很少思考自己拥有什么。童年时我们之所以快乐，是因为能够把自己拥有的东西，发挥到极致地玩耍。朋友哭过？我又何尝没有哭过呢？世事艰辛，谁没有伤痛呢？多少个雨夜，屋外风萧萧，而屋内的人听着风声，有种“念天地之悠悠”的感觉。三十岁逼迫着人去直视生活，去追问自己。

三十岁之悟不在于生命有多么灿烂，也不在于自己积累了多少财富，而在于是否已找到能够让自己感到舒适的内在生命节奏。三十岁时，踏月而舞，最好。三十岁以前，你也许寄希望于别人，或寄希望于幻想，或寄希望于未来。但是三十岁了，要立起自己的根骨，内心深处要能见自己了，以前我们见别人，见世相，但是唯独没有见自己。以前我们如一座雪山，需要阳光才能融化，现在我们哪怕做一座孤峰，也要傲然独立。

有三两朋友，围炉夜话，趁着月色，翩然起舞。顺着自己内在生命的旋律，且歌且舞，既不浮于躁动，也不溺于长情。三十岁以智慧为剑，开启自己的人生，翩然而行，哪怕遇见种种困难，也要释放自己的光芒。

既享受孤独，又不陷于孤独

每个人都会陷入孤独之中，一些人视孤独为洪水猛兽，一些人视孤独为心灵的漂泊，还有很多人沉迷于孤独，仿佛是饮烈酒，在孤独里狂欢。其实凡事适当最好，过犹不及，孤独在适当的范围内，自有其美。孤独犹如影来池里，花落衫中，可以观万物之美，可以照见我们内心深处的渴求，这影是心灵之镜，这花是花样年华。

这个世界没有人能够彻彻底底地摆脱孤独，因为每个人都是独特的，每个人心灵深处的暗涌不是任何人都能理解的。人的心灵非常敏感，纤细如羽毛，容易陷入孤独之中。所以我们不必惧怕孤独，孤独也是一种美，孤独之中呈现出那种清寂清幽之境，反而有种难得的禅意。夜深深，疏影照墙壁，你一个人听着音乐，也许有点失落，有点怅然，但是在这失落怅然里，静静地听听音乐，静静地看着书，也是一种美，远方的烟花照亮夜空，那绚丽的光照在你的窗户上，犹如花朵在窗户上渐次开放，而你的内心在孤独之中升起了一种沉溺夜色的美意。

孤独能够保护人的灵性，一个从来没有感受过孤独的人，内心深处的敏锐会渐渐消失。有灵性才有创造性，没有灵性，人会丧失个性，适当的孤独，可以清澈我们的神思。古往今来的一切艺术，往往在孤独之中孕育。在孤独之中，人的心灵变得非常敏锐，才能够把闪电般的灵感汇聚成海。人在孤独中更能感应灵感，也更加能够驾驭灵感，灵感是神思，非常容易淹没在喧嚣之中。

灵感好比是万物的影子，通过孤独，照在了神思的池塘里。每当我沉醉于音乐而开始写作时，感觉自己就是进入到“心流”的状态，思接千载，视通万里，整个人仿佛消失于现实世界，融入了音乐之中。在动人的旋律中，我下笔千言，文字如涓涓细流，如十万骏马，在笔尖奔腾，神思在时间里，在旋律里异常敏锐，感觉周围很静，整个世界陷入一片寂静之中，这寂静有一种美，禅境之美。

无论是肉体的孤独还是心灵的孤独，适当就好，人过于沉溺孤独，会陷入迷失，人只有在与他人和世界的互动中才能走向更加丰沛的人生。人本来就是孤独的，如果没有社交，没有适当的与朋友把酒言欢，很容易淹没在孤独之中。即使精神世界再丰富的人，都需要社交，这样才能更加客观地评价自己，才能让自己的心灵世界获得滋养，才能在千万人之中，找到灵魂伴侣，找到共赏高山流水的朋友。很多人排斥社交，这对身心是一种伤害，处在完全的孤独之中，人的心灵会变得过于敏感，内心的能量也可能会渐渐减少。而生活恰恰有太多让人黯然神伤的事，如果太过孤独，人会走向精神的颓废。

既享受孤独，但是又不陷于孤独，这是最美的境界。很多人越来越烟火气，代价是渐渐失去了自身的灵性；很多人越来越沉溺于孤独，代价是变得敏感脆弱。好的人生应该是既能够与众乐乐，也可以独乐乐；既有人间烟火气，也能够有清幽之气。

趁着夜色自恋一下

白昼有时太粗暴，各种事压得人喘不过气来，然而夜色却不同，人在夜色里举止温润，可雅可野。我喜欢穿梭于夜色之中，在夜色中跳一支舞，在夜色中揽镜自照，趁着夜色或坦坦荡荡或自我迷惑地自恋一下。生活时有苦闷，没有自恋与自我陶醉，我们会感到疲倦。

社会是一个不断打压自信的地方，任凭是谁，都会在社会中受到或多或少的伤害，有时白天看着潇洒的人，也许夜晚躲在角落里喝着酒暗自流泪。谁内心没有无法诉说的遗憾呢？谁不曾受过伤害呢？所以我欣赏那些有点自恋的人，那一点点自恋就像是暗夜里的微火，给我们勇气去追寻光明。

趁夜色温柔，自恋起来吧，别像白天那么小心翼翼了。夜色温柔，需要你浑然忘我地进入到夜色之中。年龄越大越觉得温柔是一个可贵的品质，亦如这夜色，温柔得像是鸟兽的羽毛，伸手去触碰夜色，仿佛人要羽化成仙。就像这秋夜，虽是冷冷清清，但是浊酒一杯，倚楼看都市夜色，也觉得这都市夜色有种风风火火的华丽。

夜色是寂静的，但也是流动的，没有白昼的锋芒。哪怕我们是再小的人物，在夜色里也可以寻觅到自己的位置，有一枝可栖。夜色是隐秘的，我们可以尽情地舒展自我，白昼里的我们都是内敛的，甚至是戴着面具在生活，但是当夜色来临，我们可以释放自己内心的激情与真实。

白昼里我们遇见了太多优秀的人，每个人都在努力地展示自我，以求获得别人的认可。在时代的洪流中，每个人都要用尽全力才能很好地生活。纵然是强者，有时也会感到心力交瘁，何况大多普通的平凡人呢？

白昼充满了边界与交锋，不安的情绪常常在悄无声息地渗透。当暮色降临，挥一挥衣袖向白昼的人事作别，找一个自己喜欢的地方，或者在自己家里，或者在一个清幽之地。或邀好友，或邀伴侣，或独自一人，畅游于夜色，自我陶醉一下。

没有自恋的人容易走向崩溃，当然，过度的自恋也不好。这个时代，人人似乎都很自恋，都在努力展示自己，但是有着优雅姿态的人实在太少了，社交媒体的照片，朋友圈的段子，游走于世界的走马观花，都显得仓皇，不够那么闲散有趣，最后沦为模式化的僵硬。

人生有时需要一种淡淡的感觉，我住的地方周围有很多植物树林。早上起来，有鸽子回旋于低檐天空，偶尔会跑到窗台来转悠，和我来个照面。远方天空低垂，一抹抹蓝色在白云间静止，有一番大美。早上，曙色与阳光照在树木上，感觉日色如金，阳光遍野，秋天的空气微冷，透过窗帘，这种微冷空寂的清晨让人喜欢，这喜欢只是淡淡的喜欢。

这淡淡的喜欢一直蔓延到夜色里，夜晚我喜欢静静地看书，或者跑到都市最热闹的地方找吃的。我穿着朴素的衣服，随意找个地方，点几样自己喜欢吃的小菜，边吃美食，边听喧哗的人声，这喧哗和白天不同，白天的喧哗让人烦躁，夜晚的喧哗像是溪水的响亮声，有生活的气息。

倘若正在谈恋爱就更好了，看电影和逛街都太俗套，偶尔这样挺好，但总是这样，实在不浪漫。和恋人驱车到一个小镇，也不拍那么多照片，找一个小旅馆住下，深深地潜入大自然的怀抱，抱着爱人在满天繁星的夜晚睡觉，良辰好景不应虚度。好的爱情应该能够满足我们的自恋，但又不过于自恋，夜色也犹如好的爱情，可以满足我们的自恋。

人生啊，需要多少智慧、多少勇敢、多少孩子气才能适应、从容，多少次我们以为将要破茧成蝶却不知是作茧自缚，多少次我们以为要情深似海却不知旋即归于平淡。生活有时太过狡猾，所以我们需要铠甲，需要隐藏自己。但是在夜晚，我们可以呈现真实的自我。

夜色，我偏爱你的寂静，偏爱你的流动，偏爱你的温柔，偏爱你让我看见了我自己，我偏爱你让我可以自恋一下，就像我偏爱于在时空中回眸看自己一样，我会在时光中轻轻地对自己说：嗯，你挺好的。

那时年少，我们云游四海

人人都需要美的滋养。然而对于常人来说，一旦在一个熟悉的环境里待久了，我们的感官、对日常所接触的事物的美都会失去敏锐。旅行可以让我们恢复自己的觉知，重获对美的敏锐。

心灵是会疲倦的，尤其是天天处在忙碌之中，很多人在忙碌之中，渐渐变得麻木，就连一花一叶之美，都不能欣赏了。庭院里流动的月光，窗台前摇曳的星辉，这些以前感到极美的事物，也在我们日益疲倦的心灵面前变得寻常。既然熟悉的环境让一切色彩都变得黯淡，那么就放下诸事，来一次旅行吧。

倘若可以，选择一个人去旅行吧，在黄昏，在晚霞漫天时出发，去一个陌生的地方，一个陌生的城市，一个静谧的古镇。一个人一年至少要有一两次旅行，到一两个陌生的地方，完全地放空自己，不问世事，只关心自己的心灵，只在乎眼前的风景。平时的我们有太多角色，在各种角色里转换，难免会有疲倦，会有失望时，不妨一个人背起行囊，到陌生的城市，看看那里的车水马龙，看看那里的名胜古迹，以及异乡的火树银花，都是极美的。

我们也可以去看看自然之景，看看沙漠里湖泊的月牙，看看险峰上的云海翻涌，自然之美可以让心灵变得放松，心旷神怡。倘若能够在海边或湖边小住一段时间，那真是一桩美事。夜晚听微风在湖面悄然拂过，觉得人生很多事都可以放下，那些痛苦，那些执念，都可以暂且归诸遗忘。旅行可以让我们暂时忘却人间俗事，让我们与自己相处。当自己一个人置身于空谷，看见幽兰静静地盛开，那种清幽之境，对心灵是一种治愈。

如果你喜欢人文景观，就去看看那些古老文明的建筑，看看那些雕刻艺术，你一定会感叹人类的创造力。当我们对人类各种艺术风格有了观赏以后，我们的审美力会变得更加雄浑与敏锐，当我们对世界历史有了更多了解，我们会更加大气。生活中有太多让人心累的事，我们往往陷入其中不能自拔，来一场旅行，亲临历史现场，西风残照，那些兵家必争之地，那些断壁残垣，曾经的战马嘶吼，曾经的将军挥剑，如今也只是平静如常，以昔视今，我们就不会对现在所处的糟糕心境有太多抱怨了。旅行的艺术在于让我们抽离时空，让我们脱离熟悉的环境，从而激发我们内心深处的审美冲动以及静思冲动。

一个人坐长途火车，静静地听着音乐，看山河大地掠影，看所过之地，桃花、樱花等各种花树在日影里繁密地开着，就觉得是一种大美。大美不言，只有当我们静下心来，才能感受到这世间的大美。当我们白发苍苍时，回看曾经走过的路，走过的桥，遇见过的人，会有别样的滋味。人生的结局都是归于尘埃，但是每个人在这人生里的感受与过程都极为不同。美可以洗涤我们身上的俗浊之气，美可以抚慰我们痛苦而又躁动的灵魂。

曾经一个人出走，在西风里，在星月里，在云海里，每到一个陌生环境，内心都觉得很新鲜，那里的人，那里的风景，都变得如初春的草木一样，非常清新。而在熟悉的环境里很少能够感受到。到那些可以看见云端的地方去，去看看海边的海鸥，去看看那些人类顶级艺术家的手笔吧！让自然之美、人文之美熏陶自己吧！当我们遥望星辰时，当我们站在古建筑里倚楼听风雨时，这些美的体验，可以帮助我们对抗以后的喧嚣以及庸常的人生。

旅行让我们与美相遇，与自己相遇。诗酒年华，那时年少，我们云游四海，见过最美的风景，最美的文明。人到中年，这些风景，这些遇见，在胸中渐渐化为了锦绣山河，飘逸之气，油然而生。

如果你想勇敢活一回，就要做好被打击的准备

当你想要勇敢活一回时，就要做好被打击、被误解，甚至被嘲讽的准备。但是你也要做好迎接生命的激情、收获丰收的果实、察觉到自我燃烧的准备。只有发自内心的渴望，才会激发生命的力量，没有渴望，就没有突破，也没有持续的力量。生命意识的觉醒，是你想彻彻底底勇敢地活一回，人生如逆旅，不想负此行。

时间的刻度很重要，有些事，有些人，如果能够早来或者晚来，意义会完全不一样。就像人生事一样，懂得太晚，将会错过很多，将会吃更多苦头。所以智慧难觅，当我们没有智慧时，要学会聆听内心的声音，内心的声音更接近生命真实的渴求，有时是一种天启。

很多人总是太相信别人，而忽略了自己生命所具有的能量，这种能量是一种理性的自觉与感性的直觉，往往非常精准。很多人暗下决心开创自己事业时，往往在内心深处意识到时间的局促，时光如梭，如果不好好勇敢活一回，便感觉此生虚度了。

这个世界上任何人想把事情做成，都很困难，尤其是那些具有开创意义的事。当你想去做一件事时，如果遇到孤独，遇到不理解，遇到打击，不要觉得委屈，因为求仁得仁，本来做一份属于自己的事业都难，不难，何以称其为事业呢？没有打击，没有挫折，反而不正常，因为一切事物都是曲折上升的，一切具有价值的事，在开始往往都是非常难的。生命的绚烂，不是空想就能够得到的，而是踏踏实实做事，生命的质感是通过舞动生命而感知的。当我们克服人生中一个又一个困难，这克服困难本身的姿态就是生命意义之所在，也是自我存在的证明。

对时间的反抗往往来自对内心的聆听。只有内心认可的事才能点燃你生命的激情，没有激情的生命，如幽暗的夜。当你想痛痛快快活一回时，就去做自己想做的事，就像是在夏日被冰凉的泉水从头顶浇灌下来，感觉全身都是清凉。生命最好的状态是内心像是泉水一样，持续不断地涌动着，这涌动给人力量，给人温暖。一个人往往是被空虚与无聊打败的，那种浑浑噩噩的空虚，像黑夜一样吞噬生命的激情，毁灭人生的可能性。没有被打击，没有被误解，何来最终做成事时的快意呢？

真正的勇者，从来都不需要太多别人的理解，从来都会远离喧嚣，再浮夸的喧嚣，都没有自己静静地看天上的星辰来得快意。不要用过多的精力去关注别人的流言蜚语，只有空虚与无聊的人，才会不断对别人指指点点。那草原上的骏马，总是在奔腾；那雪山上的雄鹰，总是在翱翔；那海洋里的帆船，总是在乘风破浪。望见遥远星辰的人，常常忘记自己置身于暗夜与低谷；感受不到生命壮丽的人，永远无法理解在激情之中构建自我是多么重要与充实。只有流动的生命才有美感，愿你流动起来，舞动起来。

靠近那些有光的人与事

我们也许会看很多书，阅无数人，行万里路，听很多人生建议，但是这一切都需要根据能否给我们内心带来力量与突破去取舍。一般而言，对于不能给我们带来温暖与内心和谐的事物，我们就早点远离。现实生活本来就有很多让人感到烦忧的事了，我们要靠近那些有光的人与事，靠近那些能够给我们生命带来质感的人与事。人生有时需要做减法，化繁为简，才能再次出发，才能身心轻盈。

那时年少，我们想认识很多人，想到全世界走走，但是走了一段人生路之后才发现，内心已经淤积了太多的往事。很多往事消耗了自己太多的能量，有时为了一些不必要的事与人，徒耗自己的生命激情，甚至感觉生命的激情差点要被淹没了。

与别人的关系，需要把握好介入与疏离的平衡，很多时候一段关系没有把握好，最后伤害的往往是我们自己，君子之交淡如水，水是清澈的，明亮的，滋养人的。细想人生很多不愉快的事，都是因为没有很好地处理与别人的关系。为了一些琐碎的事，彼此内心产生隔阂，甚至无意间还会给别人带来伤害。

对别人的期望，总有失望时；对生活过高的奢望，总会让人感觉到失落。如果我们认识的人太多，容易分散我们的精力，没有深层次的交流都算不上真正的认识。很多认识都是浅层次的，但是带来的影响却很大。融入与逃离，总是让人犹豫不决，于是一天天地在这些选择之间徘徊，把很多光阴浪费掉了。凡事顺其自然最好，强求的东西，终究让人会感到疲倦。

成长就是一个不断负重的过程，会不断地认识很多人与事，不断地升起各种欲望，于是矛盾与痛苦也就开始了。当有一天，感觉自己被人事缠绕的时候，要学会清简自己的生活圈子，回归好久没有观照的内心。不要总是关注外在、关注外面的世界，外界再繁华，倘若内心是苍白的，永远也体会不到繁华之美。能够欣赏最美烟花的人，往往是内心有锦绣的人；能够充沛地感受生活烟火气的人，往往是内心静好有仙气的人。

有时生活会让我们变得面目全非，揽镜自照，我们自己都有一点不认识自己了。当我们觉得自己拥有很多的时候，其实我们也在失去，我们渐渐会被生活填充得满满的，内心会淤积很多失望、伤痛。偶然回眸，才发现时光飞逝，以前清澈的自己都变得有点浑浊了，以前轻盈的自己，变得越来越沉重了。生活会给我们挫折，而复杂的人际关系也会让我们身心疲惫，看似认识很多人，但是能够深入交流，能够愿意静下来聆听的人，真的很少。那些曾经的偏执与疏狂，现在想想觉得简直可笑。

去靠近那些有光的人与事吧，认识再多的人，都不抵找到一个知己，让人感到内心的充盈。人来人往，我们也许并不需要认识那么多人，不需要什么事都要去参与，世界很大，世界也很小，无论远近，能够让自己心安的地方才是最好的地方。那些有光的事物，往往都是美好的事物，都是能够让人安静的事物，能够让人变得清澈的事物。

“浪费”时间，恰是在感受时间

喜欢静静看书，喜欢静静听音乐，喜欢看街头的车水马龙，喜欢在温柔的夜看星，在晴暖的天看云。生命中很多看似“浪费”的时间，却在治愈我们。有时特别感谢那些曾经“浪费”过的时间，这些时间化为了我生命的底色，让我能够在繁忙之中能够有勇气透透气，让我在生活混浊的时候，能感受草木清香，感受雨声风声。

我们有时过于看重那些能够眼见的可用之物，对于那些不能直接感受到其价值的有益之物往往不会珍惜，视之可有可无。但是随着年龄越来越大，我们经常会有一种感觉：那些我们认为的可用之物，都是需要用我们的心血去交换的，而且要得到这些有用之物，往往会伴随着很多压力。我们在得到有用之物的过程中，很难感受到轻盈，很难感受到温柔；甚至有些人在得到有用之物的过程中，会被吞噬，灵魂会变得扭曲。如果一个人在获得有用之物的过程中，一直处在压力与焦虑之中，那么即使得了梦想中的有用之物，也会感到身心疲惫，很难真正享受事物本身之美，因为他在获得事物的过程中，已经渐渐丧失了对于事物的欣赏，而只是想占有。

很多人把时间排得满满，表面看是在驾驭时间，但其实是被时间绑架了，只有繁忙，没有休息，没有闲情，这样的生活很枯燥、无味。有人长时间都在追逐有用之物，却渐渐丧失了对美好事物的欣赏能力、对无用之物的审美能力。成年人，是在渐渐丧失感受力的，越来越理性，其实也意味着内心越来越冷酷，甚至冷漠。一个内心冷漠的人，即使得到了想得到之物，也是不会疼惜的，事物在他那里只是工具。

一个懂得“浪费”时间的人，能够停下来看看美好的天气、看看云的人，内心不会有多坚硬。反而是那种一直从未停下脚步的人，会让人感到一种深深的可怖。人生应该是既有繁忙，也有娴静，繁忙的目的就是娴静。如果一直繁忙，一直处于高度紧张之中，那么最后人就渐渐变成了你想获得的事物的工具，也就是说你被事物绑架了。

得到有用之物只是为了获得生存，但这肯定不是人生的目的，人生的目的应该是实现自我价值，应该是能够感受万物之美。那些不能感受万物之美、没有自己业余生活的人，必然是乏味的人。在获得有用之物的过程中，我们的心灵会经历打击，会经历人性之复杂，这些多多少少都会给心灵投射阴影。要想照亮心灵，只有去接触那些表面看似无用的事物，比如欣赏大自然的美景，比如好好躺着晒太阳，比如一个人散散步。

在我们追逐有用之物的过程中，也尽量让自己享受无用之物之美，有时我们看似在“浪费”时间，却恰恰是在感受时间。你可以闭着眼睛回眸，那些让你感受人生甜蜜的生活片段，往往是那些让你全身轻盈，让你感受到轻盈的事物与人。

如果说时间与生活让我们的心灵变得越来越坚硬，那么就多接触无用之物吧。这些无用之物可以让我们的心灵变得越来越柔软，越来越轻盈。

寂静深处，听见花开

春夜寂静，有花香飘来，我感觉内心深处的意识在浮现。此刻山中的花在静静绽放，我的思绪也随花朵绽放。每次回到寂静深处，感觉就像回到少年时光，内心非常轻盈，甚至闻到了少年时光里空气的味道。

成年人容易在忙乱中失去回到寂静的能力。这种忙乱看似充实，其实有时也会让人感到沉重，仿佛陷入了泥潭，越陷越深。那些忙乱没有给我们带来秩序感，反而让我们走向了更深的焦虑与无序。越是忙碌，越是没有停下来的勇气，就连做梦都在奔跑中。

人生当然需要奔跑，但是也需要闲情，人生之所以要奔跑，是为了看到更美的风景，但是很多时候，当我们到了阶段性的目标以后，并没有好好看风景，丝毫没有停下来，依然继续前进。既然我们奔跑的目的是看到更美好的风景，但是却不懂得停下来去欣赏风景，这就变得有点荒诞了，奔跑就失去了其出发的意义。

此刻是春夜深处，也是寂静深处，天上繁星点点，一切的一切都如流水一样，变得柔顺起来。当我们处于浮躁时，很多事物都是坚硬的；当我们心灵回归于寂静，很多事物都变得温柔起来。这温柔就像是内心深处的意识被星光照耀，被夜色弥漫，我们需要这温柔。哪怕你是一头狮子，也需要温柔，那些坚毅的目光，也有心灵投射出的疲倦。让淤积于心灵的坚硬，变得如潮水一样，四处流淌，自我松动消散吧。

回到寂静深处，我仿佛听见了花开的声音，听见了远古的声音，听见了宇宙深处的天籁。我疲倦的身心变得纤细敏感，这纤细敏感使我连幽谷深处的微风都能够感受到。在寂静深处，我才顿悟到过去的忙乱，其实犹如困兽之斗，让人变得疲惫、虚无。

即使再繁忙，我们也要有回归寂静的能力，不然我们的人生就会被各种事吞噬，被其支配，而不是驾驭这些事。少年时光是那么美好，感觉一切都是向阳的、静好的，但是成年后，我们早已被浮躁淹没，十年犹如一瞬，仿佛自己很忙，但是又仿佛什么也没有沉淀，人生陷入迷阵之中而不得解脱，越挣扎越忙乱越浮躁越无力。

我喜欢这寂静的春夜，仿佛让我回到了少年时代，白衣飘飘的年龄，那时的时光是慢的，夜晚是唯美的，心灵是轻盈的。让心灵回归寂静，犹如在绵密的春雨天，在屋子里听雨声，看天光，这雨声与天光交织处，我看到了以前岁月很多的片段，这些片段像是电影镜头一样，在眼前展开。镜头里的我，有欢笑有痛苦，有意气风发有灰心失意。

我在生活里浮沉，当我以寂静的心态去回眸往事，这些往事变得有了诗意，就连那些曾经的执念，都变得静止了，人轻盈似烟云，好像一切的一切都是我的存在，我对那些过往都心生感激。我感觉我周围变得非常浩瀚寂静，天地无言而美，万物寂静而美。

所有你不曾沉醉的时间都没有完全属于你

年龄越大，我们越需要构建自己的时间。所谓自己的时间，就是做自己喜欢的事，学会和自己相处，自我在自己的精神家园里神游。我们自己的时间很容易被外界所淹没，自己的时间越少，越容易浮躁，越容易变得支离破碎，自己的时间越少，那么我们的时间流逝得越快，我们的时间就越没有质感。

一个人生命本身的质量与其有没有构建自己的时间有着深深联系，很多人看似很忙，但是他的时间完全被外界所淹没，这些时间不属于他自己。一个人自己的时间越多，就越幸福越充实。到了一定年龄，每个人都会感叹时间过得很快，一年甚至十年都是弹指间而已。但是我们知道时间对于每个人来说都是一样长短的，而每个人对时间的感受却极为不同。尤其是随着岁月增加，每个人对时间的感受越发不同。

有些人觉得自己的十年犹如一年，有些人觉得自己的一年犹如十年，这种对时间的感受不同，本质上是由自己生命的状态来决定的。如果你正在做一件喜欢的事，那么你会觉得时间过得非常快；但是如果你正在遭受痛苦，你就会觉得时间过得非常慢。时间的快慢是相对的，当你沉醉于自己喜欢做的事，时间虽然快，但是你的时间却具有质感，而且这个时间也是属于你的。如果你做着无聊的事，那么这个时间就不是你的，你的身心也是不愉悦的。

我们应该多构建属于自己的时间，因为每个人的生命都是有限的，在有限的生命里尽量把时间完全交给自己，而不是随意挥霍。哪怕是享受生活之美，我们也应该尽量让自己处于一种深深的沉醉状态，你越沉醉，那么这个时间就越属于你。然而现实是很多人已经渐渐失去了沉醉于事物的能力。各种各样的信息让每个人的心变得非常浮躁，这种浮躁的状态不仅不能够把事情做好，而且也会让自己浪费掉很多时间。

所有你不曾沉醉的时间都没有完全属于你。如果我们仔细想想自己的生活，我们会发现真正能够让我们沉醉的时刻太少了，哪怕是玩乐，我们也会经常分心，经常没有全身心去玩，自己始终处在一种游离的状态。沉醉是一种非常美好的状态，那种如痴如醉的状态犹如你听音乐时的感觉，整个人是流动的，然而又是非常有质感的，感觉一切事物都是明亮的，都是打开的。

如果你很久都没有沉醉的状态，很久都没有体会过在美好事物里进入忘我之境，那么你的时间就犹如烟云，渐渐远逝，时间从来都没有属于过你。每个人的时间都是有限的，很久没有处于沉醉的状态去做事，去欣赏生活，那么我们是辜负了时间的。如果一直处于这种状态，我们也不会做出多么惊艳的事，心灵也不会真正静下来。

如果我们想做出很美好的事，那么我们做事时必然会进入到一种聚精会神的状态。尽管每天都有二十四小时，但是如果我们没有一段陷入沉醉于事的状态，那么这一天的时间都是荒芜的。当我们感到自己生命的无聊，感到自己明明没有做什么事却非常疲倦时，我们可以想想是不是很久都没有做一件让自己非常沉醉的事了。多做点那些能够让你心灵感到安静、感到轻盈的事吧，这样不仅能够把事做好，也能够治愈我们的心灵。

让时间在具体人事中具有深沉的质感

我喜欢那种静静燃烧的状态，沉迷于自己的创造之中，沉迷于美好的事物以及日常具体事物之中。我觉得时间在具体事物之中会具有一种深沉的质感，能够把激情，把爱与温暖释放到具体事物之中，人生将变得更加充实。

年龄越大越感觉到时间的飞逝，每每回眸，总会觉得时间仿佛不存在似的，缥缈而又空无一物。但是当我们把自己的记忆回溯到那些具体的人和事时，又会觉得自我在这些具体的人和事之中逐渐浮现。

七情六欲，爱恨情仇固然有时让人痛苦，但又恰恰让我们感觉到自己还活着。相比如寂灭般的存在状态，我更喜欢如火花喷溅的激情，每每看到夜色里火花喷溅的烟花，我内心都有想起舞的冲动，这种强烈的冲动，犹如巨浪在心里翻滚，那种激情如海啸、旋风一般将我卷起。

我知道我生命的底色是炽热的，是激情四溢的。激情四溢是美好的状态，那种燃烧感，那种在内心深处喷涌的状态，犹如在向庸常生活发起总攻。好比一个旅人在漫漫古道上，不知疲倦地星夜兼程。然而我说的激情不是没有静止的状态，只是这种静止犹如看夜晚星河流转，哪怕我们自己坐着冥想，思维也是敞开的，是与万物交融的。虽窗明几净，但阳光月光草木的气息都是向我涌来的。我要与具体的人和事物交融，哪怕早上喝一杯蜂蜜水，都觉得生活有美好之处。我要用敏感的心灵让具体的美好事物充满一种质感，因为只有这些事物才能对抗日常生活的粗糙、混乱与无序。

我一直认为美好的诗意存在于具体的人事之中，与爱人的相拥、和亲人的随意交谈、徒步旅行等，一切贴近大地的有烟火气的事物都能够治愈我们。我们需要恢复对于日常事物的感知能力，而不是陷入抽象的名词之中，被其吞噬。

相比抽象的词语，我更喜欢闻稻谷的香味，听鸟鸣，享受日光的照耀。每当清凉的泉水入口浇灌全身时，我感到自己仿佛回到了清澈的世界，每当我感到心情不好时，我会听听音乐，瞬间就觉得世界到底是有斑斓色彩的。我也不认为常常沉默是一件美妙的事，其实与知己交谈也是一种人生至境，即使所谈之事都是一些小事，但是这些小事像是小小的麦粒一样，饱满而又有香味。

有段时间我常常陷入对虚无之事的思考中，但是后来我渐渐醒悟，发现自己更喜欢日常之物，越来越迷恋具体之物。现代人离大自然的具体之物太远了，虽然很多具体美好的事物近在咫尺，但是常常被我们忽略。时间在哪里？当我们回眸时，常常感叹时间没有踪影，我觉得时间寄居在具体事物之中。酷暑当头，一杯清凉水，胜却很多无意义的念头。一年有365天，倘若我们每天都能接触一件美好的事，那么我们就可以对抗生活的无聊，也可以让自己的生活更加饱满。

人生庸常时间太多，所以我们常常感到时间漂浮，茫然无依。但是倘若我们能够于一花一叶之中看见阳光，于每天之中寻觅生活之美，我们也许就不会过得那么乏味了。我喜欢触摸夜色，我喜欢拥抱阳光，喜欢一切能够令我打开感官的事物。

辑四

听内心

给自己构造一个精神家园

好的气质是静气开阔，哪怕内心再活泼，也要有沉静之象。日常做事粗浮意气，万事都落不到心里，很难把事做好。人一浮躁，万事皆败，灵光皆散。浮躁其实是人生的大敌，但是我们经常只是口头上说说，并没有深想浮躁的危害，浮躁久了，危害已深入骨髓，等到人生基本要废了，我们才猛然醒悟，但已然悔之晚矣。

任何事情不下苦功夫、不沉下心来，是不可能让人惊艳的。想要把事情做好，首先是能够潜沉下来，很多人随着年龄增长越来越浮躁了，看着周围迷人的现象，自己也随着现象而沉沦了，这种沉沦会让自己越来越迷惑。今天看见别人做这个事成功了，自己也就跟着别人去做这个事，明天看见大家都在做那个事，自己也盲目去跟风，这样的生活完全没有自我。

一个完全没有自我、没有独立思考的人，不可能做出让别人惊艳的事情。这个世界上条条大路通罗马，但是属于自己的路，并不多。找到合适自己的路，才是我们通向理想彼岸的正途，哪怕是幽径，哪怕是少有人走的路，但是只要适合自己，那也大胆向前迈进吧。

我们对生活参与度越高，越容易浮躁，因为五光十色令人目盲，天天都是在众生喧哗处，自己迟早会被喧哗淹没。如果我们总是处在喧哗中，看似热闹，看似繁花似锦，但是自己并没有参与创造，那么这些东西与自己关系也不大。有时生活表面看起来非常精彩，但是很多精彩都是浮沫，其下暗流涌动，如果沉迷于这个浮沫，内心会变得浮躁，渐渐就会丧失掉做事的能力，尤其是长期静心做事的能力。

静气的人容易变得开阔，万事容易真正深入到内心。我看花时，花亦在看我，我与花一同自然开落。当我们心沉下来，就能够更加容易感受到事物之美了，尤其是事物深邃处的美。能够养人心性的，都是事物非常幽微沉潜的一面，这幽微沉潜的一面，非静心不能得，非静心不能入。万事都有一个境，要入这个境，需要抖落心里泛起的沉渣，以清净心方能入境。

自己给自己构造一个精神家园，实在是太重要了，每个人多多少少都有孤独时，如果没有自己的精神家园，时常会感到自己处在漂泊乃至被流放的状态。拥有精神家园的人，内心是丰富的，也是静谧的，也容易变得静气开阔。这精神家园像是一座花园，自成一体，里面有绚丽的花朵，有树木，有浮于花朵的月光，有流萤，有映照自己的星辰。

年龄越大，拥有精神家园越重要，因为年龄越大，就越渴望与自己对话，越重视对自我的探索，我甚至认为一个人拥有自己的精神家园是自我独立觉醒的开始。拥有精神家园的人，做事不会粗浮意气，不会粗糙，而是徐徐图之，能够精雕细琢，潜沉到事物内核。

一个人最佳的状态就是自由挥洒激情，没有压抑，没有束缚。一个人最好的气质就是身上气韵流动，没有矫饰，没有局促，挥洒自如，自成风格，而这一切都需要沉下心来。外面世界即使狂风骤雨，也要心平气和视之；周围八面风动，内心也要淡然如水。

虽然现实有时沉重，
还是要拥有浪漫的能力

虽然现实有时很沉重，但内心还是要拥有浪漫的能力。听一首老歌，见一个老朋友，吃一顿火锅，看看星空，沉迷于自己的世界做一些事。生活的苦涩是那么真，没有浪漫的能力，人生就显得太苍白太无趣了。那些浪漫的事像蜜糖一样，让生活有了一点点甜味，这甜味可以冲淡生活的苦涩。

人生就是大梦一场，大醉一场，很多事都会烟消云散，不管是曾经的痛苦还是快乐，最后都会消失于时光之中。但是当我们置身于每天每分每秒时，有时觉得日子极为难熬，尤其是当人生失意时，落魄时，简直是度日如年，所以我们就非常需要拥有浪漫的能力。

浪漫不只属于少年，更属于成年，而且成年人更需要浪漫，因为成年后，现实生活坚硬如石，有时非常枯燥，非常单调，内心像是雨天灰暗角落的事物，没有色彩，没有轮廓。更何况，人生大多数日子都是单调的、乏味的，如果我们没有浪漫的能力，我们将白白浪费掉很多时光。如果把那些单调乏味的日子，用在毫无美感、毫无诗意的事上，这算是对生活的辜负。

生活容易让一个成年人内心渐渐坚硬如石，而做一些浪漫的事，可以让内心变得柔软起来。浪漫的事往往连接着天真，而成年人往往没有了天真，做浪漫的事可以帮助我们找回失落的天真。

天真是非常美好的状态，可以让人的灵魂变得轻盈，没有天真的人是非常无趣的，总给人暮气沉沉的感觉。成年人是深沉有余，天真不足，其实要获得智慧，也需要天真，因为只有质朴清简的心，才能够看见事物的本来面目，而看见事物本来面目就是洞察了事物的本质，也就是与智慧相见了。

人随着年龄渐长很容易变得迟钝，渐渐丧失感受事物的能力，成年后，我们看见云天花鸟就没有小时候那种兴奋激动了。我们看到很多事物，都觉得了然无趣，再也不能感受事物新鲜活泼的一面了，遇见再美的风景，都觉得不过如此，想想这真是一种可悲。

能够在雨天看书，能够躺在月光下举杯邀月，能够在日光下看花影流动……都是非常优雅有趣的事，这些事可以去除人身上的俗气。好的气质应该有一种天然的气象，这天然的气象即是内心舒展自如的反映，也是因为自己还能够与自然、与美的事物连接。

浪漫的能力是一种能够欣赏美、创造美，能够看到天地间美好事物有趣的一面的能力。年少时，我们可以给喜欢的人写诗，可以登山守夜看日出，可以在雪夜听笛声，但是随着年龄越来越大，这些东西都在渐渐远离我们，年少仿佛变成了一个梦境。

生活不应该只有忙乱，没有闲暇，不应该只有现实，没有浪漫。如果是这样的话，人生也显得太无趣了。随着年龄越来越大，少点世俗，多点浪漫，多点诗意吧。若你心有云彩，那么你的天空就是温柔的、华丽的。

聆听自己内心的声音

如果你心性不够强，更应该聆听自己内心的声音，而不是盲从别人的建议。我们很多时候因为别人的建议而对本来正确的选择产生了动摇，产生了自我否定，最后时间一过就悔之晚矣。有时在某些事上，甚至可以直接向别人关闭心扉，自己默默前行就是了。真正了解我们的人很少，别人的建议和评价大都是随口一说而已，千万当不得真。不要惧怕孤独，穿越孤独你将看到更迷人的风景，看到自己更多的可能性。

大多数人更多的是只关注自己，所以当他们在评价别人时，往往都是浮皮潦草的，都是以自己有限的知识、有限的格局，对别人有限的了解而进行评价。所以在生活中，我很少给别人斩钉截铁的评价，至于人生建议，那更是很少了，因为我知道我连自己的人生都有很多迷惑，很多需要突破需要问道的，我哪有什么能力给别人建议啊？

“当局者迷，旁观者清。”这句话并不全对，在一些情况下甚至是错的。有时只有置身于具体的事情中，才能够真正明白这件事。比如如果自己不会游泳，却大谈游泳的感受，大谈怎么才能更好地游泳，这显然是非常可笑的。但是生活中却常有这种现象，很多人对自己并不熟悉的领域，可以非常大声甚至理直气壮地评论，最后往往是谬误百出。

涉及个人的人生选择，更加需要聆听自己内心的声音了。因为每个人的人生际遇不同，对世界的感受也不同，所以别人对你的人生建议往往都不是基于切肤的感受，这种建议往往是不符合自己内心真正需求的，更何况还有别有用心之人，那就更加不需要听从他的建议了。

真正的勇士敢于开启自我探索之路，敢于肯定自己内心的声音，也许开始会走一些弯路，但是只有基于自己的思考而去选择的人生才是值得过的人生。每个人都是不同的，喜欢做的事不同，擅长做的事不同，所处的时代不同，从小接触的文化环境不同，所走的人生道路当然会不同。如果你不想辜负自己，想让自己有更多的可能性，那么自我探索是必不可少的，任何人都不能帮你，都不能替代你做出选择。

自己选择的路，哪怕充满艰辛，咬着牙也会坚持。做自己想做的事，会充满了激情，如果是别人帮助我们选择的路，多多少少都会有点厌倦。只有勇敢的人才能够披荆斩棘，开拓出自己的人生之路，没有自我选择，那么最后只能是别人人生的单调重复而已。

如果你心性不够强，那就关闭心扉吧，因为太多的杂音和喧嚣会将你内心声音淹没，会让你丧失精准的判断力。很多时候人生关键的一跃，往往是最孤独的一跃，没有掌声，没有鲜花，更多的是质疑，是漠不关心，甚至是嘲笑。很多人一生都没体会过自己独立选择、独立行走的感觉，更何况是帮助别人做选择了。

人生时光有限，在很多人生事上，关闭心扉吧，自己在茫茫人海里独自前行，不怕孤寂，不怕失败，坚定地走出自己的人生之路。

选择清简的生活方式

时间的质感很重要，很多事物容易淹没我们的时间。没有时间的质感，我们就不会有成长，也不会沉下心来做事，更不会感到事物之美。有时我们会感觉自己处在一片混沌中，时间变成了一个黯淡的光点，难以寻觅。这个时候，我们需要沉下心来，聆听内心的声音，这声音也许微弱，但是一直都在，顺着这声音去寻觅，我们也许会发现一道细微的光，感觉这细微的光从远古而来，感觉自己是今之古人，想想自己的忧欢和古人如此相同，总觉得时间穿越了。

时间是有限的，如果时间足够长，很多事都可以迎刃而解。但是每个人的时间终究有限，所以对于时间的把控、感知和运用就显得非常重要。我们一生真正做自己的事，或者与时间好好相处的时候并不太多。我们会被生活中的琐事、无聊的事消耗太多精力。有时我们在生活中遇见悲伤的事，这种悲伤的情绪甚至可以持续数年，时不时地浸染全部思绪，像是墨汁一样到处流淌，让人陷入悲伤之境。这还算好的，毕竟悲伤也是一种情绪的疏导。而无聊空虚等情绪就完全是一种对时间的戕害了，无聊与空虚是时间的大敌，很多时候，时间在无聊与空虚面前，溃不成军。当我们陷入无聊与空虚之中，时间就被淹没了。

在时间的河流里，有月光、植物，也有污水、残渣。很多时候时间都被污水，被残渣所淹没。敏感的人，有时会感到窒息，仿佛自己被很多事物包裹住了，渐渐密不透风，甚至不能呼吸了。这种被包裹的感觉，其实就是被淹没的感觉，很多事物都是用来消耗我们的时间的。在成长过程中，我们会遇见很多事物淹没我们的时间，当我们置身于这种淹没之中，就完全被这些事物困住了。一个在时间里不能自由呼吸的人，是不可能做出有价值的事的。

随着年龄的增长，我们都会有一种淹没感，很多事物像是一条河流一样，把我们淹没在了河水里，而且是绵延不绝的淹没。我们与很多事物陷入缠斗的状态中，我们需要用很多力气去摆脱这些缠斗，这些淹没感。如果一个人能够摆脱淹没感，那么他的心灵将会非常的清澈。这种淹没感是因为心灵已经被很多事物填充了，需要把这些淤积于心灵的事物疏通、摒弃，再清洗。

我越来越喜欢清简的生活方式，因为我深知我的很多时间实际上是被很多事物淹没了，只有选择清简的生活方式才能对抗事物淹没我的时间。清简的生活方式，让一切事物变得清顺起来，该舍弃的就舍弃，该专注的就专注。当我认识到每个人的人生时间都是有限时，我更加坚定了我选择清简的生活方式。我与那些对我来说不是很好的事物相遇时，会不黏滞不过于胶着，随缘喜乐，随缘忧伤，在有我与无我之间，让我与事物保持动态平衡，保持互相映照，以此来对抗事物对时间的淹没。

于喧嚣之中，静水深流

年龄增加的过程其实也是一个对生活真相逐渐了解的过程，浮华褪尽，反而多了一份静气，开始明白很多事很多人，虽竭尽全力，也终究无缘。这不是甘愿接受，而是人在深刻认识了生活以后，会变得犹如静水深流，不浮不躁，沉着勇猛。不固执不怯懦，心隐于喧嚣，激情依然燃烧。看落日楼头，看斜阳巷陌，往事浮涌，只觉自身之渺小，而又觉天地开阔，人生要为所当为。

每个人到了一定年龄都会思考：我们经历的岁月究竟给我们带来了什么？我们所经历的事情对我们有什么深刻的意义？而那些具有智慧的人往往能够从过去岁月的缝隙之中，感悟到人生的真相。凡是我们经历过的人事，都有意义，最关键的是我们有没有慧心将其意义挖掘出来，这些意义可以促进我们成长，实现自我突围。年少时，我们太过肤浅，甚至是幼稚，随着与生活直面交锋，我们会发现原来生活一点都不简单。每个人在生活中遇见打击，挫折，是不可避免的，可以说每个人在内心深处都有一道伤痕，或浅或深。

虽然我们会经历很多世事，甚至看到生活残酷的一面，但是我们也应该看到生活美好的一面。当我们经历过失望以后，反而需要有豁出去的勇气，反而能够达观起来。因为既然我们看见过深渊，那么我们就更应该追逐光明。很多人遇见生活的打击与挫折以后，很容易陷入消极之中，但是也有人遇见了生活挫折之后，反而越挫越勇，这本身就是一种生命的壮美。生命的壮美是对生命最高的致敬，既然来世间走一遭，那么就痛痛快快，哪怕遇见委屈，哪怕遇见不顺，也要匍匐前进。

年少时的勇敢没有持续的力量，反而是年少过后，经历过人生低谷以后，人的心境会变得越来越静，渐渐有种淡然，但是淡然之中反而更有激情，更加激烈，这激情虽是静静燃烧，但是其燎原之势更猛，火势更大，持续时间更长。

我喜欢这种沉着勇猛的状态，年少时太过浮躁，很多事都浮光掠影，而在经历生活低谷以后，经历了久久无人回应之后，内心反而更加浩然起来，有种充盈感。不再过分期待，不再总是想告诉别人什么，不再犹豫，以更加积极之姿，如痴如醉地演绎人生之美。那些总是浮于表面的人，很难做出真正惊艳的事，我们需要沉潜静默与万物对话，以赤诚之心，去完成自己想做的事，凝神而思，凝神而做事，于喧嚣之中，静水深流。

我会坦然承认我以前幼稚过，但是我不会嘲笑自己曾经的幼稚，反而认为那是一种珍贵的体验。那些打击过我的人与事，那些我经历过的伤痕，变成了我的铠甲；那些面对困难时的呐喊也变成了马蹄声，变成鸣鼓之声。

我们每个人都有局限，都有很多束缚，如果生活总是平静如水，那么这些局限和束缚就很难突破，甚至无法被感知。但是当我们经历一些事后，反而有机缘突破束缚，突破自身局限。很多时候，不借外力，不足以让自身成长。当我们不过分期待，不过分情绪化，不过分幼稚时，我们会越来越冷静，越来越能够洞悉很多事物本质。

面对人生的困难，要敢于拔剑，要敢于直面。用内心的激情演绎人生华丽的篇章，让自己沉着冷静，深入世相深处，于人情冷暖之中护本心，于世事深处觅天机。春天到了，池塘边不知名的花也开得绚丽之极，充满了美的张力。其实人生也是这样，哪怕无人识，也要活出滋味，心游于物外，游于烟火深处，何其美矣。

最美的生命都是流动的、奔腾不息的

最美的生命都是流动的，都是活泼的，奔腾不息的，一个生命如果沉寂久了，而没有让潜沉于内心的美好流动起来，那么这种美好也容易渐渐消隐。生命的本质在于流动，在于活出自己的韵味。我见过很多内核具有质感的生命个体，但是始终没有展现出最华丽的舞姿，没有勾勒出最迷人的风景，也许就差一步，就可以将生命升华，将人生境界再次提升，但他们往往止步于眼前，最后灵性消逝。

万物自有其韵律，每个人都应该活出自己，都应该找到自己的人生旋律。如果我们始终没有找到自己的人生旋律，那么我们就不会感受到来自内心深处的燃烧，来自内心深处的激情。我们的人生旋律，时而激烈，时而轻盈，时而缥缈，时而清晰。但总的来说这旋律是流动的，有时这旋律轻若尘埃，细如游丝，一旦生活有所转折，一旦我们走出低谷，这旋律又会继续高昂，当我们回眸聆听那细弱游丝的旋律，我们会感动于我们在人生低谷时的坚持。很多人少年时，都有一颗奔腾不息的心，但是这种激情，这种豪迈渐渐消逝了，与生俱来的灵气也随之消逝了。灵性消逝，激情退却，然后时间快速远逝。

生活中有很多单调，有很多烦恼，如果我们内心没有奔腾不息的激情，我们会常常感到生活很无趣。汪洋恣肆的激情会给自身注入活力，让自己敞亮起来，让自己勇敢起来。一个人变老的标志就是激情退却，内心那奔腾不息的激情在渐渐退却，一个人哪怕是五六十岁了，如果还能有充沛的创造力，有自己能够坚持做的事，那么他的心灵就是年轻的。春天因为万物曳曳生姿而色彩斑斓，大海因为海水奔腾不息而气象万千，一切具有质感的生命都有奔腾不息的内核，一切奔腾不息的生命都会点亮自己。哪怕你身处困境，奔腾不息的心灵也会让你激情澎湃，帮助你突破枷锁。

在路上奔腾不息的人像是茫茫草原上奔跑的骏马，一骑绝尘，迎着风雪，迎着落日，偶尔的嘶吼，也声入云霄。流动的生命才是最美的生命，流动的生命总是会喷溅出最迷人的火花，你看那流动的生命，眼眸里闪烁着星光，倒映着山河。流动的生命总是试图突破自己，总是希望让自己的生命更具质感，总是一遍又一遍地寻觅新的风景。没有流动，最后都将成为灰烬；有了流动，即使化为灰烬也终将再次重生。很多流动的生命，远远看去，像是蜿蜒曲折的溪流，很长很长，但余韵不尽，只有这样的生命才有味道，才有深度。那奔腾不息的生命总是试图打通自己生命的隧道，一节一节地打通，最后让生命的列车在隧道里行驶，让生命的激情在隧道里流淌起来。

如果一个人年龄越大越有激情，那么其生命内核必然是一团火焰，一团可以照亮周围事物的火焰，这火焰实在是太迷人了。他那憔悴的脸庞、瘦削的身躯，远看已经苍老，但是你静静地聆听，他的心灵依然炽烈地跳动着，走近看去，他的眼眸又深邃又清澈。如果一个人充满激情，那么他本身就是一团火焰，这火焰可以让他的理想变为灿烂的苍穹，可以助他穿越孤独，穿越那些生活的暗礁。

你多久没有早早起来去山顶看日出了呢？你多久没有在雪夜荡舟赏雪了呢？你多久没有为梦想奋力一搏了呢？你多久没有感受过那种把事情做成的喜悦了呢？你渐渐静止，渐渐无声。别这样，流动起来吧，像溪流一样，像海水一样。我看见星河在流动，我看见春天的颜色在流动，我看见一切壮阔的事物都在流动。

人生很多顿悟来自心思极静极诚时

至诚若神，人生很多顿悟都是来自心思极静极诚之时。所谓“蓦然回首，那人却在，灯火阑珊处”，我们往往是在持续不断的坚持中，偶然获得某事的开悟。顿悟不是空想而得，而是通过做事获得，要明白人生滋味，是需要深入生活的。艺术创造上的灵感神思，往往也是因为现实的冲击，让心灵有感，灵感才能飘然而来。

当我们面对浮躁聒噪的现实时，内心往往会陷入混沌之中，内心的意识与思绪会漂浮。有时静下来想想，我们也许已经很久没有静静思考自己的人生，观看自己的内心。我们早已在现实里迷失，天天处于忙碌的状态中，生活像是一匹饿狼一直追逐着我们，让我们不敢放松，惧怕放松，那些明里暗里的沉重，会让我们彻底丧失思考的能力，丧失思考的时间。然而人生最重要的事却是思考，没有对自己人生的深度思考，我们很容易错过人生的关键时刻。

一个天天繁忙、没有静思的人，很容易被生活吞噬，很容易消耗掉所有的人生精力。很多时候我们一旦陷入穷于应付中，往往会忘记静思，清晨匆匆出去，晚上疲倦了，倒头就睡，周而复始，一年又一年。这样的生活看似充实，其实却陷入了死循环之中，生活需要时时反思，这种忙乱的状态容易淹没内心的声音，而内心的声音往往对一个人的成长来说非常重要，甚至人生中很多重要的启示都来自内心的声音，但是由于我们太忙乱，我们总是错过那些重要的人生启示。

处于静思状态，内心会非常沉静，当一个人处于深度沉静的状态时，就连周围的环境也会变得非常静。这种万物皆静的感觉，会让人进入到一种深度思考的状态，那些潜伏于内心深处的意识与思考，都会浮现。当我们直面这些内心深处的意识时，我们对生命的感受力会增强，我们会对自身产生种种思考。静极思动，当心思处于极静时，很多混沌的事物以及问题都会流动起来，都是找到解决问题的突破口。当我们陷入人生焦虑时，当我们要做一件事时，用虔诚的心去面对，我们的心思会变得很静，心越静，心眼就越明亮，我们就容易洞察事物的本质。

至诚之心之所以重要，是因为当我们怀着至诚之心时，内心会变得很简静，这简静的状态会蔓延至周围的事物，我们心思也会变得非常清澈，这清澈的心灵可以映照万物。很多人的至诚都是表面的、肤浅的，所谓至诚就是“吾将上下而求索”，不断地努力，不断地追问，不断地深入事物内核。做事是这样，人生也是这样，对于人生也应该有至诚之心，用至诚之心生活，我们内心会感到充盈，会有直面风雨的勇气。当你心怀至诚时，哪怕是一个人千山独行，也不会感觉沮丧；哪怕被误解曲解，也不会有太多的抱怨。

现实不断渗透，像洪水一样不断淹没我们，也许我们早已面目模糊，心灵也早已溺于洪水之中。但是倘若我们能够让自己永怀至诚之心，也许就会在辛苦跋涉以后，看见最美的风景。当我们夜晚看天上的星星，想想我们一生，百年而已，我们心怀至诚，聆听万物的声音，我们心思极静，于现实的忙乱之中，看到事物的内在，那内在必然闪烁着光芒。

想想自己多久没有静下心来看万物了，想想自己多久没有看云卷云舒了，想想自己是不是好久都处于慌乱之中……让心思静下来吧，让身心流淌起来，以赤子之心，面对山河，面对昨天今天明天。

自我愉悦，滋养心灵

人生有苦有甜，要学会自我愉悦，好好照顾自己，冷了加衣，累了休憩。自我愉悦是一生都要学习的，不断地自我愉悦，可以让我们的心灵得到滋养，可以让我们在内心深处认可自我。自我愉悦就是自我认可，一个不自我认可的人，往往是打压自己的渴望，自我愉悦是表扬自己，是适当地满足自己，是在自己的世界里宠溺自己。人海如潮，自我愉悦让渺小的自我能够与自己，与美好的事物建立联系。

随着年龄增加，我们会遇见很多烦恼，甚至会遇见让人痛苦的挫折，有时间回眸想想自己走过的路，一路艰辛，不足为外人道也。可以说每个人都曾有深夜痛哭的时候，都有筋疲力尽的时候，所以自我愉悦、自我宠溺显得非常重要。生活时有苦涩，我们只有加倍对自己好，才能够消解内心深处的苦涩与疲惫。一个人不仅要辛勤耕作，也要学会享受美好的果实。内心既要有别人，也要有自己。

一个能够自我愉悦的人，往往自己存在感比较强，自我价值感非常高。很多人一旦遇见自己喜欢的事，内心虽然渴望，但是总是不敢靠近，仿佛自己享受、自我愉悦是一种罪过，这种在内心深处拒绝自我愉悦的人，本质上来说是没有安全感，对自我认可度也不高。一个人首先是要认可自己，敢于让自己与美好的事物发生连接。自我愉悦，不仅是一种放松，更是一种对自我价值的认可。当我们尝试着去自我愉悦时，我们在内心会生出一种自己值得的感觉，只有自己深深地认可自己，我们的内心才会越来越饱满。

只有自我愉悦，我们才能获得优雅，才能穿越生活的枪林弹雨。生活是庸常的，甚至是生猛的、残酷的，如果人不懂得自我愉悦，就容易产生一种幻灭感。能够自我愉悦的人，往往心灵比较健康，往往能够发现生活之美。很多自我愉悦的人，在语言上也是幽默的，与美好的事物能够发生更深刻的融合。现实生活中，我们总能发现某个人对美食很有研究，对艺术很有研究，对穿搭很有研究，对很多能够让人放松开心的事都很有研究。即使生活再忙再苦，他们也能够找到乐趣，也能够自得其乐。

自得其乐实在是重要，因为人生充满孤独，一个不能自得其乐的人，是不能够优雅自处的。人生很多孤独，都是需要自己去度过的，如果我们能够自得其乐，我们会变得敞亮很多。

我就是一个比较喜欢自我愉悦的人，喜欢美食，喜欢美好的事物，喜欢沉溺于自己的小世界。因为我身处的生活够苦，如果我不对自己好点，实在可惜。人生几十年，如梦似幻，我必须对自己好，好好宠爱自己。

与美好的事物发生连接

一个人最根本的首先是要认可自己，敢于让自己与美好的事物发生连接。美好的事物谁都喜欢，但不是每个人都能驾驭，很多人一旦遇见美好的事物都有点胆怯，那种植根深处的自卑会让其感到手足无措，甚至有点惶恐，乃至恐惧。而有些人虽然短暂拥有了美好事物，但是这美好事物很快又远离而去，当自身拥有美好事物时，内心深处没有底气，没有一种从容感，那么美好事物也是易逝的。

美好事物是缥缈的，容易逃离的，容易失去灵性的。然而也有些人，能够比较轻易驾驭美好事物，创造美好事物，甚至美好事物本身也因其而变得更加饱满，更具灵性。美好事物也需要滋养，所以拥有美好事物者本身要有质感，要有丰沛有趣的灵魂。

每个人在一生之中，都会有与美好事物相遇的时刻，不管是爱情，还是美景、艺术等，都曾经深深沉醉过。但是最后，美好事物都渐渐远去了，自身也渐渐充满浊气。当我们进入真实的生活以后，很容易被生活裹挟，而自身的灵性也容易被吞噬掉，但也有一种人内心始终有坚守，这种有坚守的人，内心越来越有底蕴，因为生活让其更加能够感知世界的真实，更加能够抵达世界深处。没有进入真实生活以前，灵魂虽是美好的，但是缺乏一种深沉厚重，犹如轻灵的雪花。而经过生活的打磨以后，内心的美好质地，才会越来越浑厚，越来越具有一种气韵。

很多人喜欢美，但是更容易毁坏美，只有那些自身具有底蕴，具有创造力的人，可以长久拥有美，创造美，修复美。美是痛苦生活的一种治愈，一种超越，一种深深的慰藉，只有美可以让你的灵魂感到一种深深的畅意。要平视美，而不能胆怯，遇见好人好事，要敢于与其发生连接。每个人的内心都是有缺失的，都有黑暗之处，让美来治愈我们的心灵。每次疲倦时，听听音乐，看看云，都感觉世界都是美好的，尽管世界时时让人感到不那么美好。

平视美，也不是说到就能做到，而是自己本身灵魂要渐渐饱满起来，也就是要打开自己，让内心升起对生活的信心，对自我的认可。一个人敢于直视美，乃至创造美，其本身肯定是具有质感的，能够看见光影水波变幻之美的人，其本身也可以随着光影水波摇曳。那些能够认知美，受到美熏陶的人，是幸运的，因为人生充满了烦躁，只有美可以平息我们的浮躁。人生中我们会做很多事，但是随着年龄越来越大，我们需要提升我们的审美能力，因为越深入生活，我们就会发现很多生活的荒芜乃至无力，这个时候美可以给我们力量，并且天地有大美，内心敏感的人，走到哪里都能发现美，感知美。我们通过美来减轻我们内心深处的沉重。

很多感觉都是真实的，尤其是那些让人痛苦的感知都是真实的，只有美有种幻美，既真实又轻灵，既近又远，既易逝又永恒。我们很容易陷溺于美好的旋律之中，反复陷溺，这种陷溺让灵魂得到休憩，让空洞的灵魂得到弥补。美才是最让人感到身心愉悦的事物，凡是受过美的滋养的人，都明白享受美时，那种绝美的感受。

想想你静静看日出，静静拥抱一个美好的人，静静看繁花盛开，静静在夜晚看星河流淌……你就知道，那种美，让人陷溺，感到轻盈。在享受美时，我们是清醒的，但又是半醉的，周围的一切一切都有种让人感到浪漫的气质。美像是雪光一样，照亮人内心的幽微之处。

激情而活，照亮生命

摆脱虚浮，会看见更美的风景，创造更美的人生。有一天你会发觉，自身之外，都若烟云，从而更加关心自己，更加奔跑起来。因为曾经在深渊里待过，那里寒冷潮湿，让人惆怅，所以一旦发现光源，我们就会努力奔跑起来，去追寻光，去点燃自己。自身激情得到释放，心也渐渐温暖起来。

很多人的生活之所以没有激情，是因为没有找到内心深处的光源，也就是没有找到自己喜欢做的事，自己内心的向往之地。如果没有找到人生的乐趣，那么生活会让人感到无聊，无聊很容易吞噬每个人。如果你找到了内心的光源，那么即使身处困境，也依然会感到一种激情在燃烧。那种燃烧的感觉，全身都涌动着活力。

只有发现自己的生命之光，我们才算真正找到了自己。很多人由于没有找到自己的生命之光，其生命的状态就是漂浮的、游离的，形神涣散。一个找到自己生命光源的人，是非常幸福的，哪怕世界再喧嚣，他都可以静静地躲在世界的一个角落里，做自己想做的事，而不会感到焦躁。每个人都有独处的时候，这个时候恰恰也是自我意识容易觉醒时，如果我们没有找到生命之光，没有找到让自己充满激情的事，我们将会感觉很不安。

很多人在内心深处都有不安之感，那种深深的不安在身体的意识里四处弥漫。但是如果你能够找到一件让自己感到充满激情的事，那么当你完全沉浸于做这件事时，你就不会感到不安了。人生有很多闲暇的时光，如果我们可以把这些闲暇的时光用来做让自己充满激情的事，我们就会收获更多的可能性。

其实每个人在生命之中，都会遇见一件让自己感到高兴、充满激情的事，但是后来却渐渐放弃了。有些事时而有激情，时而没有激情，这很正常，当你对这件事暂时没有激情时，坚持一下，激情又会回来，而且也许会更有激情，你会发现更加美丽的风景。

一旦我们找到了自己生命的光源，就勇敢去追寻吧。很多人虽然能隐约感受到自己生命的光源，但不敢去追寻，不敢奔跑起来，于是它稍纵即逝。勇敢一点，一旦发现让自己感受到激情的事，就牢牢抓住，然后全力以赴，那种感觉非常美好，有一种生命的快意与翩然。只有怀着持续的激情，我们才能够追寻到光源，这光源照得我们心灵通透明亮。

像鱼儿一样沉到水下

像鱼儿一样沉到水下看水草晃动，感受静谧之乐，静静地游于生活，偶尔放肆一下，跃出水面。喜欢黄昏时看天边云霞静静燃烧，生活的状态也是如此，静静地燃烧，静静地做自己想做的事，不管世事喧哗，不管风雨变化。那些波浪的细微晃动，那些山色湖光的流变，我们都能在水底感受到，这些翩跹的万象，都静静地落在我心底，变成我心里的烟霞。当我们陷入迷茫时，像鱼儿一样沉到生活的水面下静静做事就好。

随着年龄的增长，我越来越想隐于生活，越来越想沉到生活深处，总觉得以前的自己太过浮躁，偶尔有很多矫情与浮夸。我非常喜欢那种瓷实地、静静地沉于生活底部的状态，总是浮在生活表面，人非常容易变得慌乱，被生活中大大小小的事以及环境所影响。生活中稍微有点不顺心的事，稍微有点浮华的事，内心就会起很大的波动。人在现象之中沉浮，内心越来越焦虑，越来越疲惫。有时想想不如横下心来，少听、少搭理、少介入那些不必要的人与事，自己反而会获得一种自在以及深深的宁静。那时年少，太喜欢沉溺于宴饮之乐，各种觥筹交错。现在特别喜欢让自己处于一种隐匿的状态，心远地自偏，没有喧哗，没有过多的人事纠葛。

喧哗与躁动是人生常态，总觉得发生了很多事，但是蓦然回首，又感觉到空虚，觉得人生如梦，生活无色无味，仿佛没有存在过一样。这是一直浮于生活表面带来的感受，一直浮于生活表面，我们既不能内观于心，也不能外观于物。人生需要时不时地跳脱于当下，以旁观者的姿态观察自己的生活以及自己生命的状态。像鱼儿一样沉到水下，其实就是一种对生活表象的退避三舍，隐于生活的山水之间，在山水之间，让心灵浮现。

有时生活是一张巨大的网，如果你浮在生活的水面，就非常容易入网，越挣扎，越痛苦，越无法逃脱，甚至会陷入深深的迷茫之中。只有沉到水下，才能够避开生活之网活得自由自在。沉到水下，感觉周围的一切都是寂静的，周围的一切都呈现出一种神秘空灵之美。以前总是浮在生活表面，周围都是浑浊的、聒噪的，生活像是漩涡，人在里面，没办法静止，只有随着漩涡急速旋转。生活的幻象会不断地诱惑我们，缠缚我们，我们的内心一直处于被流放的状态，很少有真正的闲暇。我们失去了那种灵性的生活，陷入重复和单调之中，被很多事推着走，甚至被生活绑架。

当我们像鱼儿一样沉到水下开启我们的生活，我们会发现我们回到了一种灵性的生活状态，心灵会非常舒服，这感觉像是雨天听雨，有一种深深的美感。每个人的生活都应该有自己的节奏、自己的韵律，但是如果我们只浮在表面生活，就不会感受到生活的韵律。只有沉下心来，倚楼听雨，才会发现生活之美，与周围之物达到交融的状态。

当我们沉到水底时，我们才能看见水究竟有多深，我们才能更好地感受万物投射到水里面的变化。这种沉于水下的感觉，像黄昏时看风景，像静夜读书，内心会涌起一种久违的安宁。很多时候，我们被那些漂浮于心间的各种混乱的念头所困，但是当我们像鱼儿一样沉到水下，那些纷繁复杂的念头都会退却，内心会涌现出一种直达生命本质的意识，这种意识植根于心灵，犹如空谷里的风，让人感到身心舒畅，感到世界的美好，感到方寸之间都是漫山遍野的阳光。

自然而然是内在与外在相匹配

所谓自然而然就是内在与外在相匹配，如水流花开，如日月星光，只有自然而然能够让人感觉到舒适，感觉到自成一格。做人做事最高境界就是行云流水，行当所行，止当所止，春天到了，草木自然抒发，内心充盈了，心胸自然开阔。内核充沛，内心才能满溢，滋润日常。

很多悲剧都是因为不自然而然，很多尴尬都是因为内在与外在极度不匹配，让人感到不适。要做到自然而然是相当难的，举目四望，伪装浮夸者多矣。人容易沉溺于自己所浮夸出来的样子，如果长期这样，人就会忘记根本，忘记自己本来的样子，把自己经过矫饰所呈现的表象当作自己本来的样子，这样很容易让人迷失本心，内在不足以支撑起急于想向世界呈现的样子，最后要么自取其辱，要么因为缺乏内在活水之源，从而导致生命之树枯萎。

人容易被浮夸者所吸引，很多人举止乖张，看似很酷，其实缺乏底蕴。如果把时间拉得很长，我们会发现那些举止言谈非常浮夸的人，最后是不能做出什么有硬核的事的，有时他做的事看起来有质感，但是用心去分析，会发现他所做之事，都是浮皮潦草，其目的只是想满足他的表演欲望而已。人可以欺骗世人，可以欺骗自己，但是欺骗不了事物发展的客观规律，有没有用心，内在够不够硬核，最后都会反映出来。年轻的时候很容易被那些华丽的浮夸所吸引，但是时间久了，我们就会发现，这种华丽的浮夸太没有质感了。

生活中我们常遇见那种很浮躁的人，什么都想要，什么事都想融入，混迹于各种无聊的场所之中，最后神形都变得很不好看，其神越来越浑浊，其形变得越来越憔悴。其神之所以浑浊，是因为没有内在的源头活水，所以不能冲洗干净日常遇到的浑浊烦扰之事；其形之所以憔悴，是因为用力的浮夸太损耗心神，自身的能量会被那不可遏制的浮夸所吞噬。

自然而然既是返璞归真，也是回归内在，一个人内在秩序是混乱的，是空洞的，那么他很容易越来越没有活力，整个人是躁动的，是多变的，心性极不稳定。年轻时是因为人们被青春浮夸的颜色与光辉所迷惑，但是随着年龄增加，人们越来越苛刻了，如果你的呈现与内在不能达到匹配，只会沦为谈资。不自然而然，容易给人招致灾祸，因为别人可以在你浮夸的缝隙里趁虚而入，时间可以让你在最后归于虚无。

自然而然是一种大美，自然而然让内在之流渐渐漫溢出来滋润自己世界里的花木，自然而然让人回归自身，而不是过多地关注外在，然后发现你本来的样子才是最美。

寻觅并践行自己的可能性

生活的质感来自寻觅并践行自己的可能性，来自唤醒生命的激情，来自享受美，创造美。生命是一件未完成的艺术品，需要我们精雕细琢，需要我们寻找到适合演绎自己生命精彩的艺术风格。艺术的本质是呈现美，个体生命需要不断呈现自己的内在，那幽微而美的内在。

很多人早早就放弃了寻觅自己生命的可能性，这让人非常遗憾，因为只有找到真正适合自己的人生之路才会有激情，才会点亮生命最深处的意识。如果不去寻觅自己的可能性，不去践行自己的可能性，我们会越来越厌倦生活，我们会被无聊吞噬。没有谁从一出生就知道自己适合做什么，自己能够做什么，这一切都需要去探索寻觅，有时甚至会苦苦寻觅几十年。

每个人的生命内核其实都是一座秘密的花园，但是通往花园的路径却往往幽微难寻，如果一直都没有找到通往花园的路径，那么这个生命一直都处于未完成的状态。让人感到难以忍受的往往是那种平静的失望，那种失望像是潮水一样，不断弥漫于漫长的岁月。只有找到自己的可能性并且去实践，才会让自己的生命状态发挥到极致。

人生没有激情，不会体验到那种绝美的快乐，因为生活大多数时候都是单调的、枯燥的、无聊的。如果自己内心没有激情，没有愿意为之践行的目标，那么整个人会陷入非常疲惫、非常无聊的状态之中。所以我们可以看见那些早早放弃探索自己可能性的人，很难有真正意气风发的时刻，内心的意识往往也是浑浊的，整个人非常被动，甚至无形之中呈现出一种僵硬，一种难以言说的颓丧。

人生看似短暂，但是具体到每一天、每一周、每一月都非常漫长，尤其是当你放弃探索自己生命的可能性时，你会感到度日如年。每个人都有可能性，都有可能找到自己真正热爱的事情，找到能够让自己内心涌动激情的事情。如果一个人没有找到让自己感到充满激情的事，那么他人生的很多时间都浪费了，没有找到自己的可能性，是很难安身立命的，整个人的身心很难达到和谐，很难达到至美的境界。

如果我们能够去创造美，去创造属于自己的事业，我们将会活得非常饱满，我们的生命将具有质感。不要因为年龄的束缚而放弃探索自己的可能性，让自己保持一种探索的状态，我们会充满活力。当一个人无所事事时，反而会感到烦躁，感到窒息。即使一个人闲看花开花落，也需要有来自生命内核的审美意识，不然看久了，也会觉得枯燥。这审美意识就是生命的质地，这质地只有通过不断地自我提升才能够达到。只有经历过沧桑的人，才知道看花开花落，看云卷云舒，是多么美好的体验。

当我们找到了自己的可能性，并且去践行时，我们内心深处的意识才会觉醒，我们内心深处的激情才会释放。这激情深处往往会呈现出我们生命内核最美的一面，而那幽微美好的内在，只有植根于内心深处的激情，才会喷薄而出。

秉持已有的清醒，去面对人生的困惑

随着年龄的增加，我们好像越来越懂自己，又好像越来越不懂自己，清醒与困惑总是反复交替轮回，时而顿悟，时而又糊涂。夜深人静时，仔细想想，也许这就是人生吧。人生没有彻底不惑的时候，那就让我们秉持着已有的清醒，带着困惑去面对人生吧。

每个人都有独自面对人生困惑的时刻，多少个夜晚无语凝噎，多少次在人头攒动的街头感觉孤独如潮汐涌来。渐渐地我们洞察了一些世事的本质，内心有了一份清醒，有了力量，但是新的困惑也来了。那就索性不急于追逐清醒，而是带着已有的清醒，去面对人生的困惑，与困惑并肩同行。很多事到了一定年龄，都会渐渐明白，也有很多事，也许我们一生都不明白。人生何必时时清醒呢？有时糊涂点更好，用力地追问，只不过是徒增烦恼而已。

很多人总是试图马上把很多事情想通，于是陷入空想之中，被一些大而无当的空想所束缚。人生有太多事都是偶然的，不是任何事我们都能想通的，有时一件事要等许多年后，我们才能真正想通。就像我们年少时读的书一样，很多句子，只有经历了人生百态，我们才能够明白其中的内涵。很多事都需要有了些人生沉淀以后，我们才能够明白。既要仰望星空，也要脚踩大地，通过人生的实践来增加思维的厚度以及穿透力。

对于很多人来说，也许此生都无法做到不惑，所以相比于努力让自己的思维清澈不惑，还不如多去做事。行胜于思，很多思想都是悬浮于意识的，甚至那只是别人的思想，但却被我们误认为是自己的思想，我们只不过是顺着别人的思想在思考罢了。一个人只有拥有自己的思想，才能让自己的思想具有穿透力，才能更加明白自己的处境。人生就是一个渐行渐悟的过程，不要急躁，不要急于要弄懂一切，而要多去做事，这有助于增强我们思想的敏锐度。

带着已有的清醒与觉悟，去勇敢地拥抱人生，不惧困惑，不怕风雨。带着内心那份炙热，勇敢地去穿越人生的枪林弹雨。只有当我们经历了足够多的事后，只有当我们埋头于心中梦想默默做事后，也许才会有一天蓦然回首，恰好找到一直想找的答案。

内心顺了，一切都顺了

做事的最高境界就是游刃有余，如果我们做一件事始终没有达到游刃有余的状态，那么也许是我们对这件事缺少“感觉”。“感觉”是一个非常抽象的词，但是却又真实存在，好比我们选择伴侣要找一个有感觉的人，做事也是一样，找到做这件事的感觉非常重要，但是很多人却常常忘记了去寻找这种感觉，只是盲目用力，最后只能空悲切，很难把事做好。

每个人都有自己的天赋，都有自己的能力圈，没有任何一个人能够做任何事情都得心应手。回想我们走过的路，我们一定会想到曾经因为做成某件事而激动不已。但是遗憾的是，很多人很早就放弃了继续钻研这个做起来得心应手的事。当我们做自己擅长的事，做自己得心应手的事，我们会感受到生活的美好，感受到人生的轻盈。

有些事开始做起来也许并不得心应手，但是通过持续努力，我们就对这件事有感觉了。做事找感觉也不是一蹴而就的，有时需要持续地忘我投入，从而达到游刃有余的境界。能够创造美好人生，能够让自己充分展示自我的事，一定是我们对其有感觉的事。当我们做这件事时，感觉时间都静止了，自己沉溺于做事之中，没有疲惫，没有烦躁，自己的身心如风行水上。

做事时心灵的状态很重要，只要内心顺了，一切都顺了。我们的很多纠结，很多内耗，很多不安，都是因为我们的情绪被外界叨扰而不够清顺。这种不够清顺的状态，也许是因为我们焦虑于目前的困境，也许是因为我们没有看到事物的本质。做事游刃有余的人，内心必然是清顺的，当我们深深地理解了事物，我们就不会长时间陷入不顺之中。做事会影响我们的心态，我们心灵的状态也会影响我们做事。内心顺了，不再焦虑不再纠结，很多事做起来也就更加得心应手。

要想让内心处于一种美好的状态，处于一种专注的状态，那么我们就要做自己有感觉的事，沉迷于对我们身心都有滋养的事。有时解决问题的办法，无关问题的本身，而是通过其他事物来解决。比如一件事让我们陷入痛苦疲惫，我们可以通过做其他事弥补。而且人生很多时候，不是问题本身让我们感到痛苦，而是我们看待事物的角度让我们陷入思维的困局。这个世界上最幸福的人也许就是找到一件能够让自己有感觉的事，然后持续做下去，在做事之中感受生活的美好，感受时间的流逝。

专注在这个时代显得尤为重要，一切都在加速流转，唯有专注能够让我稍稍能够把握一些东西。专注于品尝美食，专注于看云海星空，专注于聆听音乐，其实都是美好的。有时喧嚣像是一个漩涡，一旦置身其中，就很难摆脱。很多人看似过着热闹的生活，但是其生命状态犹如浮木，在时间之流中任意漂流。也有些人，虽处闹市，心里仍有一份恬静。即使你必须在喧嚣之中游走，内心也要有所秉持，否则人就是没有根蒂的，心灵容易飘忽。越是能够在喧嚣之中游刃有余的人，内心往往有所依，有所专注的。有些人早早丧失了专注的能力，其心神不能集于一事一物，时间越久越感觉自己非常浮躁。

少年时，我们总以为只有在外界才能找到有趣或刺激的事，后来却发现外界犹如烟云，倏忽而来，倏忽而逝。很多事与人，后来回忆，都觉得是草草，都是模糊。那些略显夸张的行为，那些故作疏狂的姿态，后来看都觉得幼稚。繁华人人都爱，但是能够驾驭繁华的人，往往是心底有所专注的人，来去自如，才是境界。今夜有大雪，可邀好友荡舟于湖面一起赏雪，也可以自己独自一人赏雪，都是很快乐的。可众乐乐，可独乐乐，可在人间烟火处起舞，也可独自凭栏观辽阔山河。不管是起舞，还是观山河，都要用心神去深入美好事物的内核。只有专注能够让我们与美好事物交融，只有专注我们才能看见星空以及感受到轻盈。

一个人越是缺乏专注的能力，他的时间就流逝得越快，甚至没有时间的存在。我们只有在专注之中才能够感受时间的质感，即使是休闲，也能纵情，也能恣意。专注是深度拥抱当下，犹如花朵盛开前的刹那，以生命的激情去注入，以如痴如醉的状态去感受生命的跃动。不要浮于生活表面太久，不要觉得日子平淡，能够专注的人，哪怕外面世界海风天雨，我在我的世界里依旧汪洋恣肆。

生活有时是沉重的，在生活的沉重之中，心越是浮起，越会感受到生活的沉重，反而是把心一横，悄悄地专注做事，一切都婉约轻盈起来。自身之外，都是烟云，都缥缈易逝，让心如湖泊、如明月、如高山流水，照澈一事、一物，流淌于一事、一物，这一事一物里有人间绝美之境。

止念，静观，听雨

偶尔夜晚散步，会抬头仰望夜空，觉得夜空好美，尤其是有月亮有星星的时候。痴痴地望着夜空，整个人都感觉非常轻盈，没有万千思绪，没有诸多杂念，只觉得此时此刻，自己仿佛漂浮于夜色之中。远处车水马龙，近处万籁俱寂，那车马之声便越发缥缈远逝了。都市中的人喜欢通过各种方式放松，但其实有时只是静静凝望星空，就会感到身心柔和松软。我们很多的紧张，都是情绪的弥漫，静观夜空，情绪会被深远的宁静淹没。

当周围太过喧嚣时，我们可以偏安于幽静处，让自己适当地放松一下。随着岁月流逝，我们的心灵会淤积很多杂念，这些杂念有时会如千军万马般袭来，让人感到焦虑与痛苦。每个人内心深处都有些不堪回首的往事，都有些落寞的时光。在幽静处独坐，全身放松，让心灵流淌起来，让情绪流动起来。所居之处，可以有湖，有竹，有月光，有黄昏时斑斓的云，最好是有潺潺流水。可独坐，可斜躺，身心是放松的，感觉周围都静了下来，那些内心深处的喧嚣，也都渐渐悄然退隐。每个人都会有所背负，这背负偶尔会让人感到沉重，我们需要释放这种沉重。很多时候，我们的迷茫与忧伤，都是因为被很多想法，很多观念所缠缚。择幽静处，止念，让那些念头渐渐沉于意识深处。

静观既可向外，也可向内，不一定要双眼微闭，但要让心灵打开，打开自己，让自己的感官活跃起来。去感受黄昏时斑斓的云，去感受潺潺溪流，让云流动到你心里，让溪水流进你耳中，让月光流淌于你全身。整个人的身心漂浮于夜色，漂浮于湖边的微风之上，只感觉自身如柔软的波浪一样，在周围的草木之中荡漾开来。把月光想象成潺潺流水，把自己想象成草木，流水清润草木，只感觉清凉遍布全身。可以闭上双眼，向内静观，向浩渺的心灵静观，感觉注意力集中于一点，这一点在心灵里漂浮，静观心灵里那些意识深处的念头，学会和自己和解，好好拥抱自己。感觉自己的心灵通向宇宙，通向那遥远的未来，自己仿佛寄身于沧海，沧海上映着皎皎明月。静观于心，是以柔和的意识去触碰内心最坚硬的东西。

喜欢听雨，听雨打竹林，听雨落荷塘，都是绝美之事。平时太忙，只有雨天，感觉一切都静了下来。春天听雨，能够闻到草木之味；夏天听雨，能够感受清凉；秋天听雨，容易让人起思念；冬天听雨，能让人倍感家屋温暖。每当心里烦躁时，就想听听那雨声。少年时听雨，只觉雨声清妙好听；长大后听雨，身心顿感放松，时常不想见到雨歇。喜欢沉溺于雨天黯淡的微光里，陷溺于温柔，让自身的各种角色褪去，与雨声素面相见。雨声总让人想起连绵的山峰，想起那些幽静的夜晚，想起烟雨迷蒙的江南。听雨时，可以放点轻柔的音乐，雨声与音乐之声相互交织融合，人的心灵仿佛进入到一种永恒之美中。

以柔和之心面对周围的人，自身如流水一样，悄无声息，心有天地，就不会特别声张。没有必要证明自己的存在，自身有豪气，内心有锦绣，专注于自己的事，已是一种快乐。当我们去止念，静观，听雨时，我们会摒弃浮躁，内在的力量会觉醒。

内在力量的觉醒来自接纳与勇敢，接纳我们的现状，接纳我们的好与不好，勇敢地突破自我。很多束缚都是意识与思维的束缚，很多时候都是我们的自我想象，这种想象像是乌云一样弥漫。所以我们需要止念和静观，停止不好的想象，尽量去想象美好。止念，静观，然后起而行之，在现实之中，感知自我成长。打开自我，让自我像潮水一样流动起来，去席卷天空，去浇灌花木。

沉静的心灵像月光一样映照万物

只有沉静的心灵才能发现美好的事物以及事物深处的华丽。沉静的心灵像月光一样映照万物，每当心灵沉静时，一切事物都流淌起来了，感觉自己的意识轻盈而又敏锐，仿佛看见了世界深处，听到了时间流动的声音。

日常的生活非常容易让人浮躁，让人处于忙乱之中，于是我们在处理很多事时都是草草了事，并没有深入事物内核去体验其丰富而又美好的一面。很多人内心都是千头万绪不断翻涌，犹如浑浊之水，不断泛起沉渣，心悬于日常，漂浮于事物表面。我们仔细想想，自己是不是很久都没有处于心思沉静的状态了，各种乱七八糟的事，弄得人身心俱疲，于是我们可以看到很多焦虑的人，看到很多行色匆匆的人，但是我们却很少看见面有静气、气质沉静的人。甚至很多人长达数十年都没有让心灵回归宁静过，心灵一直处于紧张、焦虑、不安之中。

长期处于紧张、焦虑、不安之中，心灵会渐渐丧失感受美好事物的能力。因为欣赏美好事物深邃处的华丽需要敞开我们的心灵，让心灵自由流动，但是一个悬浮于各种焦躁中的心灵，显然很难进入到事物华丽的深处。一个浮躁的人，一个没有沉静气质的人，基本上和美好事物无缘，即使遇见了，也只有浮泛的感受，很难与美好事物产生深度连接，从而让美好事物滋养自己。只有心灵沉静了，我们内心的意识才会如流水一样渗透到事物深处。

心灵不能沉静，我们容易活在现象之中，甚至被现象淹没。现象会淹没我们的感受力，也会淹没时间，我们会有那种一晃三五年就过了的感觉，一切都显得很局促，一切都是瞬息。只有心灵沉静下来，我们才能打开我们的感官，打开我们自己，从而在寂静之中与万物相遇。沉静下来的心灵，即使看日落，也会有别样的感觉，会感觉到落日的凉意与色彩的斑斓，时间的流淌以及世界的空灵。

有时回眸，我们会觉得错过很多美好的事物。比如春天里庭院草木飘来的清香，我们由于浮躁没有好好感受，没有用心灵去呼吸一下。如果我们的心灵够沉静，那么我们每天都能感受到美好的事物，上班路上的树木、阳光、鸽子的声音，夜晚的月光、流水声，等等，我们都能够用沉静之心细细感受。我们之所以要去感受这些美好的事物，是因为我们需要对心灵进行疗愈。在面对现实世界时，我们的心灵多多少少会受伤，而这些对美好事物的感受恰恰可以让我们的心灵由沉重变得轻盈。

心思沉静了，我们才能听到世界深处的声音，那春雨绵延之声，非沉静之心不能感知。回想我人生中很多绝美的体验，都是心思沉静时感受到的：比如深夜看繁星，我感受到了夜之静谧；落日看黄昏，我感受到了色彩的华丽；雨夜听细雨，我感受到了雨的细柔……乃至我人生很多关键时刻，都是心思极静时，突然把很多问题想通了。

心思沉静了，我们才能更好地欣赏万物，倘若一直处于浮躁之中，我们会渐渐丧失对美好事物的感受力以及对于事物发展规律的判断力。成年人最难的就是让自己的心思静下来，因为我们会遇见各种各样的事，这些事会阻碍我们变得沉静，没有沉静之心，我们像是大海里的浮木一样，顺水而漂浮，人生变得没有根蒂，心灵没有家园。

年龄越大越需要内心有根蒂，因为我们对时间的感受力会随着年龄的增长而变弱，十年也是一眨眼的事，内心有根蒂了，就没有漂浮之感，内心沉静了，万物都会落在我们心间。即使年龄大了，心灵如果能够沉静，也会如枯木逢春，感受到春阳的明媚，万物在内心生根发芽，开花结果。沉静之心灵，于空寂之中，于时间之中，于记忆之中映照万物，于敏感之中感受万物。